江苏省高等学校重点教材（编号：2021-2-140）

人工智能基础及应用

主　编　吴　倩　王东强
副主编　贾克辉　吴　尘　汪义旺
参　编　石成舫　李伟国　朱奇峰　李　凌
主　审　顾寄南

U0177510

机 械 工 业 出 版 社

本书着重介绍人工智能基础知识，构建人工智能通识体系，覆盖人工智能典型应用领域。在基本知识体系的基础上，对人工智能的算法进行定性介绍，同时辅以丰富的人工智能行业典型应用案例。

本书分为两篇，包含 10 章。基础知识篇围绕人工智能基础知识体系，主要介绍了人工智能概念与发展，人工智能生态及体系框架，以及人工智能感知技术，如计算机视觉、语音识别和自然语言处理。行业应用篇围绕人工智能在各行各业的应用情况，主要介绍了人工智能在智能制造、智慧商业、智慧教育、智慧交通、智慧安防、智慧医疗和智慧农业方面的技术实现及典型应用案例。

本书强调实用性和可读性，在介绍人工智能知识体系及其丰富应用的基础上，让学生去亲身体验人工智能技术以及它对未来的影响，激发学生学习人工智能技术的兴趣并为进一步深入学习打下基础。本书可作为高职院校学生在人工智能方面的通识课程教材，也可作为人工智能技术的科普读物。

本书配有微课视频等资源，可扫描书中二维码直接观看，还配有授课电子课件、习题答案等，需要的教师可登录机械工业出版社教育服务网 www.cmpedu.com 免费注册后下载，或联系编辑索取（微信：13261377872，电话：010-88379739）。

图书在版编目（CIP）数据

人工智能基础及应用/吴倩，王东强主编．—北京：机械工业出版社，2022.10
（2025.1 重印）
江苏省高等学校重点教材
ISBN 978-7-111-71581-8

Ⅰ.①人… Ⅱ.①吴… ②王… Ⅲ.①人工智能-高等学校-教材
Ⅳ.①TP18

中国版本图书馆 CIP 数据核字（2022）第 166776 号

机械工业出版社（北京市百万庄大街 22 号 邮政编码 100037）
策划编辑：曹帅鹏 责任编辑：曹帅鹏
责任校对：张艳霞 责任印制：刘 媛

涿州市京南印刷厂印刷

2025 年 1 月第 1 版·第 4 次印刷
184mm×260mm·12.5 印张·307 千字
标准书号：ISBN 978-7-111-71581-8
定价：59.00 元

电话服务 网络服务
客服电话：010-88361066 机 工 官 网：www.cmpbook.com
010-88379833 机 工 官 博：weibo.com/cmp1952
010-68326294 金 书 网：www.golden-book.com
封底无防伪标均为盗版 机工教育服务网：www.cmpedu.com

前 言

随着人工智能的快速发展，相关技术的普及与应用对于高等院校学生具有非常重要的意义。当前人工智能的商业化主要是基于计算机视觉、智能语音、自然语言处理等技术，并在一些特定的领域诞生了相关产品或服务。随着人工智能技术的进一步发展和落地，深度学习、数据挖掘、自动程序设计等领域也将在更多的应用场景中得到实现，人工智能技术产业化发展前景向好。

本书注重介绍人工智能基础知识、构建人工智能通识体系、覆盖人工智能典型应用领域。结合相关智能应用，让学生去亲身体验人工智能技术对人们的工作与生活的影响。本书特点如下：

（1）突出高职特点，校企合作共同开发教材。突破了高职教材以人工智能知识为主线的做法，适应高职高专教学特点，基于人工智能的应用，注重对基本知识体系和框架的介绍。通过校企合作，收集人工智能实际应用案例，精心设计内容。

（2）教材内容实用，构建人工智能通识体系。由于人工智能正处于迅速发展阶段，内容非常庞杂。本书从人工智能体系和感知智能入手，介绍其概念、相关技术、人工智能实现最新理念和方法、算法的定性介绍，同时介绍人工智能丰富的行业应用项目及案例，从而全面了解整个人工智能应用的系统框架。

（3）注重资源开发，体例新颖，突出实时更新与交互。本书配有完整的资源库建设，相应的媒体课件，既有对主教材的延伸，也有对主教材内容的补充，以丰富的图片和实例资源，使学生在视觉形象中获得对本课程的感性认识。采用活页教材形式，"学中做，做中思"，使学生更好地感受人工智能应用，同时也便于应用案例的及时更新。

（4）精选案例和习题，激发学生学习兴趣。本书精选案例，有助于学生对人工智能技术及应用的学习。精选习题和实训，让学生在学习之余，能够通过"做中学"加深对人工智能理念、方法、技术、应用的理解。

本书作者致力于教学研究和课程建设，经过长期的教学科研积累和改革实践，不断跟进人工智能发展趋势和研究，形成了一支治学严谨、教学水平高、职称年龄结构合理、双语结合的教师团队，既有从事人工智能教学与科研的一线教师，也有具有丰富经验的企业工程师、管理人员，以及科研院所的研究人员。本书是在作者多年教学、科研与实践的基础上编写而成的。参加本书编写的主要有吴倩、王东强、贾克辉、吴尘、汪义旺、石成舫、李伟国、朱奇峰、李凌。其中吴倩编写了第 4 章、第 9 章、第 10 章；王东强编写了

第 2 章、第 3 章、第 7 章；贾克辉编写了第 5 章、第 8 章；吴尘编写了第 1 章；汪义旺编写了第 6 章；石成舫完成了相关外文资料的翻译；李伟国、朱奇峰、李凌提供了企业项目案例。全书由吴倩、王东强统稿、定稿，并任主编，贾克辉、吴尘、汪义旺任副主编。

本书由江苏大学顾寄南教授主审，并提出了建议和意见。此外，本书的编写还得到了苏州市职业大学教务处、电子信息工程学院、机电工程学院、计算机工程学院、数理部领导的大力支持，得到了科大讯飞股份有限公司、苏州清睿教育科技股份有限公司、中科院苏州先进技术研究院中心的帮助，在此一并表示衷心的感谢！

由于编者水平有限，书中疏漏之处在所难免，恳请广大师生、读者批评指正，提出宝贵意见。

编　者

目 录 Contents

行业应用篇

基础知识篇

第 1 章 人工智能初探

【学习目标】

1. 掌握人工智能定义及其应用领域
2. 了解人工智能的发展脉络
3. 了解人工智能的未来发展趋势

【教学要求】

知识点：人工智能、人工智能的发展脉络、人工智能的未来发展趋势

能力点：理解人工智能相关概念、发展脉络以及与新技术的关系

重难点：在了解人工智能概念和发展脉络的基础上进一步了解人工智能产业结构，以及对应的相关技术。基于人工智能对未来职业岗位产生的影响，思考如何在人工智能时代更好地学习

【思维导图】

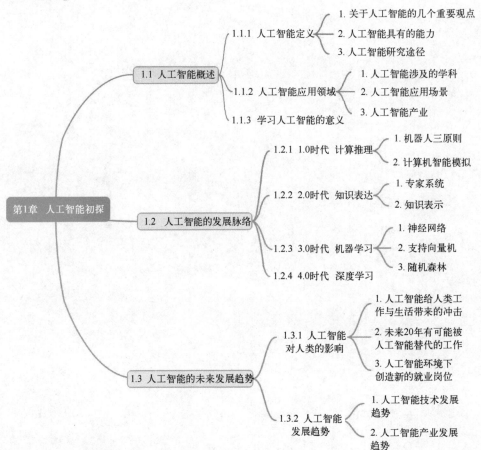

1.1 人工智能概述

1.1.1 人工智能定义

人工智能（Artificial Intelligence，AI）起源于 1950 年，当年著名的数学家、逻辑学家阿兰·图灵（Alan Turing）发表了一篇划时代的论文《机器能思考吗》，并提出了著名的"图灵测试"（Turing Test）。

测试者在与被测试者（一个人和一台机器）隔开的情况下，通过一些装置（如键盘）向被测试者随意提问，进行多次测试后，如果有超过 30% 的测试者不能确定被测试者是人还是机器，那么这台机器就通过了测试，并被认为具有人类智能。

1. 关于人工智能的几个重要观点

1）在 1956 年的达特茅斯会议上，计算机学家约翰·麦卡锡（John McCarthy）首次提出人工智能的定义：使一部机器的反应方式像一个人在行动时所依据的智能，是制造智能机器的科学与工程，特别是智能计算机程序。

什么是人工智能

2）斯坦福大学的尼尔斯·约翰·尼尔森（Nils John Nilsson）提出，人工智能是关于知识的学科，是怎样表示知识以及怎样获得知识并使用知识的学科。

3）麻省理工学院的帕特里克·温斯顿（Patrick Winston）认为，人工智能就是研究如何使计算机去做过去只有人才能做的智能工作（人工智能的概念及界定如图 1-1 所示）。

带你走进影视中的人工智能

2. 人工智能所具有的能力

1）通过视觉、听觉、触觉等感官活动，接受并理解文字、图像、声音、语言等各种外界信息，这就是认识和理解外界环境的能力。

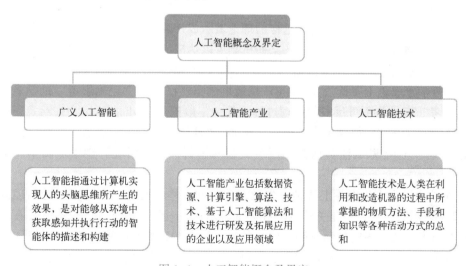

图 1-1　人工智能概念及界定

2）通过脑机的生理与心理活动以及有关的信息处理过程，将感性知识抽象为理性知识，并能对事物运行的规律进行分析、判断和推理，这就是提出概念、建立方法，进行演绎和归纳推理、做出决策的能力。

3）通过教育、训练和学习过程，日益丰富自身的知识和技能，这就是学习的能力。

4）对不断变化的外界环境条件（如干扰、刺激等外界作用），能合理地做出正确反应，这就是自适应能力。

人工智能是一项综合性技术，结合了信息数据以及计算机技术，是大数据时代能够快速高效处理信息的工具。人工智能与计算技术相辅相成，它的最大优势在于可以对外部声音、图像进行处理，极大程度上解决了生活中的难题，从而使人们的生活水平得到进一步的提高。

3. 人工智能的研究途径

（1）像人一样行动——"图灵测试"

由图灵提出的图灵测试，宗旨是为测试者提供一个简便可操作的测试环境。

在现阶段，计算机尚需要具有以下能力来通过图灵测试。

① 自然语言处理（Natural Language Processing）：使之能成功地用人类语言交流。

② 知识表示（Knowledge Representation）：存储它知道的或听到的信息。

③ 自动推理（Automated Reasoning）：运用存储的信息来回答问题并推导出新结论。

④ 机器学习（Machine Learning）：适应新情况并进行检测和预测。

⑤ 计算机视觉（Computer Vision）：感知物体。

⑥ 机器人学（Robotics）：操纵和移动对象。

（2）像人一样思考——"认知建模"

人工智能若能像人一样思考，首要问题是确定人是如何思考的，如此才能进一步判断人工智能是否与人的思考一致。因此，构建人工智能模型，需要先研究人脑的原理，目前主要通过以下三种方式进行研究。

① 内省：通过内省捕获人类自身的思维过程。

② 心理实验：通过心理实验观察工作中的人类思维变化。

③ 脑成像：通过脑成像观察人类思考过程中的组织成分变化。

只有对人脑的精确理解，才能把这样的理论表示成计算机程序。如果该程序的输入输出行为匹配相应的人类行为，这就是程序的某些机制可以达成人脑运行效果的证据。

（3）合理地思考——"思维法则"

古希腊哲学家亚里士多德（Aristotle）是最早试图严格定义"正确思考"的学者之一，他将"正确思考"定义为不可反驳的推理过程。其"三段论"（Syllogism）为在给定正确前提时产生正确结论的论证结构提供了参照模式。例如，"苏格拉底是人；人必有一死；所以，苏格拉底必有一死。"这些思维法被认为支配着大脑的运行；这一研究开创了逻辑学（logic）的领域。

19世纪的逻辑学家为世界上各种对象及对象之间关系的陈述，制订了一种精确的表示法（类似于算术表示法，算术只是关于数的陈述的表示法）。到了1965年，已有程序在原则上可以求解用逻辑表示法描述的任何可解问题（如果不存在解，那么程序可能无限循环）。人工智能中的逻辑主义（Logicism）流派希望通过这样的程序来创建智能系统，此途径被称为"思维法则"的途径。

"思维法则"的途径存在两个障碍。首先，获取非格式化的知识并用逻辑表示法要求的形式术语来陈述是不容易的，特别是在知识不是百分之百确定时；其次，在"原则上"可解一个问题与实际上解决该问题之间存在巨大的差别，求解只有几百条事实的问题就可能会耗尽任何计算机的计算资源。

（4）合理地行动——"进程安排"（Agent）

进程安排是进行运行操作的智能安排（英语的 Agent 源于拉丁语的 Agere，意为"去做"）。所有计算机程序都在运行并处理任务，但是普通计算机不能感知环境、长期持续、适应变化并创建和追求目标。进程安排能实现更多功能，如自主操作进行合理安排，当存在不确定性时，为实现最佳期望结果而重新规划任务。

合理的进程安排途径与其他途径相比有两个优点。首先，它比"思维法则"的途径更普遍，因为正确的推理只是实现合理性的几种可能的机制之一；其次，它比其他基于人类行为或人类思维的途径更经得起科学发展的检验。合理性的标准在数学上定义明确且完全通用，可被"解决并取出"来生成可证实的合理性进程安排设计。另一方面，人类的行为可以完全适应特定环境，并且可以很好地定义为人类做的所有事情的总和。所以，合理进程安排的一般原则，以及用于构造合理进程安排的部件，将是研究的一个重点。因为在现实中，尽管问题可以被简单地陈述，但是在试图求解问题时往往会出现各种各样的难题。同时，合理的进程安排途径在复杂环境中的可行性很低，因为计算要求太高。

1.1.2　人工智能应用领域

1. 人工智能涉及的学科

人工智能是一门交叉学科，它是随着计算机科学技术发展起来的，目前有多个本科专业，包括智能科学与技术、机器人工程及智能机器人等与其相关。

实际上，人工智能涉及数学、哲学、心理学、神经学、生物学、仿生学、计算机科学、认知科学、信息论、控制论、自动化、语言学、医学等多门学科，是自然科学与社会科学中多种学科的交叉，如图 1-2 所示。

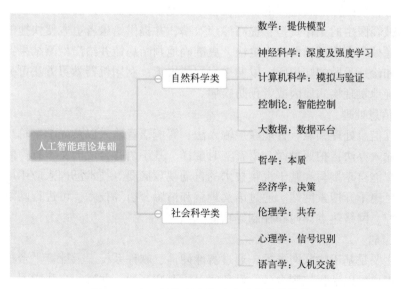

图 1-2　人工智能理论基础涉及的学科结构

目前，人工智能学科研究涉及的主要内容包括自然语言处理、计算机视觉、知识获取、知识表示、知识处理、自动推理、信息检索、机器学习、智能机器人自动程序设计等方面。而它的应用也体现在很多领域，并且在未来其应用还将更加广泛。

2. 人工智能应用场景

（1）智能交通

智能交通系统（Intelligent Traffic System，ITS）涉及的范围很广。随着人工智能的发展，道路交通控制、公共交通指挥调度、高

人工智能的应用场景

速公路监控管理、车辆监控管理、自动驾驶与辅助驾驶、自动导航等都在快速发展，包括采用图像识别技术实现车牌和车型信息的自动识别，对车辆闯红灯、超限超载超速等违规行为进行检测，智慧城市的交通出行监控、调度和管理，为车车、车路、车人的协同交互提供舒适、安全的交通出行服务等。

（2）互联网应用

在互联网服务中，新型的 AR/VR（Augmented Reality/Virtual Reality）服务已开始应用于用户交互和体验中，采用机器学习技术结合用户画像，可以实现产品的自动化、个性化推荐，语义理解和图片分析已应用于网络内容的合规审核与监控。

（3）智能制造

在制造领域，可通过人工智能、先进检测技术和机器人技术实现自动化流水线生产、柔性生产和产品装配、自动检测产品质量、预测维护需求、实现最优化的配送货和仓库管理等工作。

（4）智能教育

人工智能在教育领域的应用探索比较早，现在已实现通过图像识别技术进行试卷的自动批改和自动化识题答题，通过人机交互实现在线答疑，通过语音识别纠正和改进发音等功能。

（5）智能医疗

在医疗领域，通过人工智能技术可以共享发达地区的医疗资源，例如远程会诊、远程手术、辅助诊疗等，使医疗落后地区能够有机会享受更多更好的医疗资源；电子病历和智能导诊技术可以帮助减轻医生的工作负担，提高诊疗效率，并提供给患者更方便快捷的服务；影像的智能识别和图像处理应用可辅助医生更快、更准确地判断病情并给出检测结果；利用知识图谱建立相关疾病和诊疗手段的知识库，以便进行智能决策；利用机器学习方法可分析基因检测数据，以快速准确地发现疾病原因或者预防疾病。

（6）智能信息处理

在人机交互信息处理领域，智能联想输入法、智能语音输入以及光学字符识别已经成为人们常用的信息输入办法；拍照翻译、语音实时翻译、基于语音合成的文本有声阅读，基于文本理解的新闻稿智能自动撰写和基于视频技术的自动视频摘要等技术已进入应用层面。在信息检索领域，人们已离不开搜索网站。通过语义理解和情感分析等技术，可进行网络热点分析，实现网络舆情监控、网络热点导向和控制等功能。

（7）智能家居

智能家居主要是基于物联网技术，通过智能硬件、软件系统、云计算平台构成一套完整的家居生态圈。用户可以远程控制设备，设备间可以互联互通，并进行自我学习，来整体优化家居环境的安全性、节能性、便捷性。例如通过人脸识别技术实现身份认证；通过语音识别技术实现与用户的自然交互并完成相关指令；智能安防技术也可与智能家居环境无缝衔接；通过用户画像定制用户的生活喜好和个性化信息推荐服务等。

（8）智能物流

物流行业通过智能搜索、推理规划、计算机视觉以及智能机器人等技术在运输、仓储、配送装卸等流程上已经进行了自动化改造，基本能够实现无人操作。例如，利用大数据对商品进行智能配送规划，优化配置物流供给、需求匹配、物流资源等。目前物流行业大部分人力分布在"最后一公里"的配送环节，京东、苏宁、菜鸟等国内主要物流公司都在争先研发无人车、无人机，力求抢占市场。

（9）智能金融

在金融领域，智能投资顾问未来将直接面对客户，通过设定的人性化流程，结合投资者的年龄、收入、家庭状况、风险偏好及投资意愿等因素，利用人工智能技术将投资策略与用户的投资目标相匹配，确认合适的投资目标，实施全民理财，定制最优资产配置方案，并可自动实现风险预警。

（10）智能安防

通过先进的人工智能技术，例如语音识别、图像识别等，可实现对声纹、人脸、指纹、指静脉、虹膜、步态等多种特征进行身份识别。目前最常见的是指纹、人脸和虹膜的生物特征识别。采用计算机视觉技术可实现对各种监控视频的智能分析，这个过程也被称为"视频结构化"，通过智能分析实现对行人、车辆等关键目标的监测、跟踪与分析，也可通过人脸识别技术进行罪犯特征对比，筛选出犯罪嫌疑人。

3. 人工智能产业

18 世纪至今，以蒸汽机、电气技术、计算机信息技术为代表的三次工业革命，使人类的生活水平、工作方式、社会结构、经济发展进入了一个崭新的周期。以交通场景为例，蒸汽机、内燃机、燃气轮机、电动机的发明，让人类的出行方式从人抬马拉的农耕时代跃入了以飞机、高铁、汽车、轮船为代表的现代交通时代。

而在人工智能的浪潮之下，仅自动驾驶这一项技术，就将彻底改变人类的出行方式，其影响力足以和此前汽车、飞机的普及比肩。人工智能技术的飞速发展，将超越个人计算机、互联网、移动互联网等特定信息技术，重新定义未来人类工作的意义以及财富的创造方式，进行前所未有的经济重塑，甚至深刻改变人类的社会与经济形态、政治格局等。人工智能产业链如图 1-3 所示。

应用层 场景与产品	智能产品	家居	金融	客服	机器人	自动驾驶
		营销	医疗	教育	农业	制造
	应用平台	智能操作系统				
技术层 感知与认知	通用技术	自然语言处理	智能语言		机器问答	计算机视觉
	算法模型	机器学习		深度学习		增强学习
	开源框架	分布式存储		分布式计算		神经网络
基础层 硬件与算力	数据资源	通用数据			行业数据	
	系统平台	智能云平台			大数据平台	
	硬件设施	GPU/FPGA等加速硬件			智能芯片	

图 1-3　人工智能产业链

（1）基础层

人工智能基础层包括硬件和算力，硬件设备由 GPU/FPGA 等加速硬件和智能芯片构成，还包括智能云平台、大数据平台构成的系统平台，以及用于进一步进行计算的身份信息、医疗、购物、交通出行等通用数据和行业数据。

其中芯片是人工智能产业的关键技术。

（2）技术层

人工智能技术层包括开源框架、算法模型和通用技术。开源框架层包括 TensorFlow、Caffe、Microsoft CNTK、Theano、Torch 等框架或操作系统。算法模型有机器学习、深度学习、增强学习等。进而产生了如语音识别、图像识别、人脸识别、自然语言处理（Natural Language Processing，NLP）、即时定位与地图构建（Simultaneous Localization and Mapping，SLAM）、传感器融合、路径规划等技术或中间件。

（3）应用层

人工智能应用层由应用平台和智能产品构成。应用平台一般指智能产品操作系统；智能产品则结合应用场景，可以分为自动驾驶、安防交通、医疗、教育、物流、商业零售等领域。本书后续章节会重点阐述。图 1-4 所示为人工智能行业图谱。

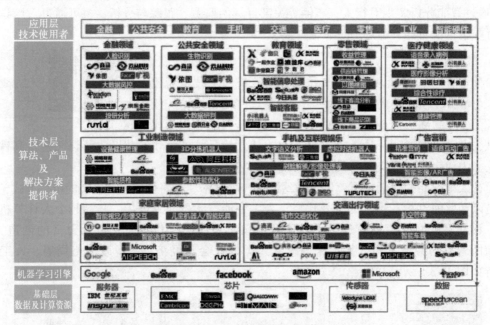

图 1-4　人工智能行业图谱

1.1.3　学习人工智能的意义

习近平总书记在第三届世界智能大会贺信中指出："当前，由人工智能引领的新一轮科技革命和产业变革方兴未艾。在移动互联网、大数据、超级计算、传感网、脑科学等新理论新技术驱动下，人工智能呈现深度学习、跨界融合、人机协同、群智开放、自主操控等

我们为什么要学习人工智能

新特征，正在对经济发展、社会进步、全球治理等方面产生重大而深远的影响。"人类社会在经历了机械化、电气化、信息化发展之后，正在向智能化社会迈进，人工智能有望成为新一轮

科技革命发展的引擎。

　　为了培养智能时代的合格公民，让人类为智能时代的到来做好生活、工作的准备，我国已经着手尝试在大、中、小学各阶段的教育中融入人工智能教育的理念、知识和方法。

　　目前，我国很多职业院校已经开设了人工智能专业与课程，旨在培养具有一定人工智能知识与素养的高素质技术技能人才。而人工智能教育之路的起步，需要把人工智能知识普及作为前提和基础。普及人工智能知识，需要将人工智能相关的知识、技术、趋势等内容，根据不同层级学习对象的认知特点，进行解构与重构，以适应学习者的学习需求，提升学习者的兴趣，提高学习者在人工智能领域的总体素养。

　　我们有必要深入学习与了解人工智能发展的现状与未来，了解人工智能的工作原理，了解人工智能的算法、数据与算力，了解人工智能在不同领域的深入应用情况，掌握基本的人工智能知识，具备人工智能理论与应用层面的基本素养。

　　思考： 请结合你的专业、生活及未来可能从事的职业，谈一谈为什么要学习人工智能。

1.2　人工智能的发展脉络

1.2.1　1.0 时代 计算推理

　　1.0 时代：是计算推理，人工智能奠定基础的时代。

　　1942 年美国科幻作家阿西莫夫提出"机器人三原则"。

　　第一条：机器人不得伤害人类，或看到人类受到伤害而袖手旁观。

　　第二条：机器人必须服从人类的命令，除非这条命令与第一条相矛盾。

　　第三条：机器人必须保护自己，除非这种保护与以上两条相矛盾。

　　现在一般认为人工智能最早的一项工作是沃伦·麦卡洛克（Warren McCulloch）和沃尔特·皮茨（Walter Pitts）共同完成的。他们利用了三种资源：基础生理学知识和脑神经元的功能；罗素和怀特海的对命题逻辑的形式分析；图灵的计算理论。

　　1956 年夏天，美国达特茅斯学院举行了历史上第一次人工智能研讨会，达特茅斯会议被认为是人工智能诞生的标志。在会上，麦卡锡首次提出了"人工智能"概念，纽厄尔和西蒙则展示了编写的逻辑理论机器。而马文·明斯基（Marvin Minsky）提出了"智能机器能够创建周围环境的抽象模型，如果遇到问题，能够从抽象模型中寻找解决方法"这一定义，成为后 30 年智能机器人的研究方向。

人工智能简史

　　在此阶段，许多学者遵循的指导思想是：研究和总结人类思维的普遍规律，并用计算机来模拟人类的思维活动。他们认为，实现这种计算机智能模拟的关键是建立一种通用的符号逻辑运算体系。这一阶段的代表性成果主要有艾伦·纽厄尔和赫伯特·西蒙两位后来的图灵奖得主研发的"逻辑理论家"程序，该程序在 1952 年证明了著名数学家罗素和怀特海的著作《数学原理》中的 38 条定理，并在 11 年后证明了全部 52 条定理。

1.2.2　2.0 时代 知识表达

2.0 时代：知识表示，人工智能走出困境的时代。

（1）专家系统

随着研究的推进，人们逐渐认识到，单靠逻辑推理能力远不足以实现人工智能。人工智能由追求万能、通用的一般研究转入特定的具体研究，产生了以专家系统为代表的，基于知识的各种人工智能系统。

DENDRAL 系统是采用这种方法的早期例子，它是一个启发式系统，该系统能根据质谱仪数据推断未知有机化合物的分子结构。作为世界上第一例成功的专家系统，它使人们看到，在某个专门领域里，以知识为基础的计算机系统完全可以替代这个领域里人类专家的作用。

MACSYMA 系统是麻省理工学院于 1968 年开始研制的大型符号数学专家系统。1971 年研制成功后，由于它具有很强的符号运算能力，很多数学和物理学的研究人员以及各类工程师争相使用，遍及美国各地的很多用户每天都通过 ARPA 网与它联机工作数小时。

在 DENDRAL 和 MACSYMA 的影响下，化学、数学、医学、生物工程、地质探矿、石油勘探、气象预报、地震分析、过程控制、计算机配置、集成电路测试、电子线路分析、情报处理、法律咨询和军事决策等领域出现了一大批专家系统。

（2）知识表示

20 世纪 70 年代后期，随着专家系统技术的逐渐成熟和应用领域的不断拓展，人工智能又从对具体系统的研究逐渐回归到一般研究，围绕知识这一核心问题，人们重新对人工智能的原理和方法进行探索，并在知识获取、知识表示和知识推理等方面创建新的原理、方法、技术和工具。以爱德华·费根鲍姆（E. A. Feigenbaum）为代表的学者认为，知识是有智能的机器所必备的，于是在他们的倡导下，在 20 世纪 70 年代中后期人工智能进入了"知识表示期"，费根鲍姆后来被称为"知识工程"之父。

知识工程的研究有利于促进专家系统从单学科专用型向多学科通用型的发展，出现了一批通用程度不等、类型不同的专家系统工具，包括骨架型工具，具有更大通用性的语言型工具和知识处理系统环境。应该说，知识工程和专家系统是人工智能研究中最有成就的分支领域之一，为推进人工智能研究起到了重要作用。

1.2.3　3.0 时代 机器学习

3.0 时代：机器学习，人工智能迎来曙光的时代。

在人工智能"知识表示"期，大量专家系统问世，在很多领域做出了巨大贡献。但这些系统中的知识，大多是人们总结出来并手工输入至计算机的，机器能进行多少推断完全由人工输入了多少知识决定，人们意识到专家系统面临"知识工程瓶颈"，一方面寻找专家来输入大量知识成本极高；另一方面对一个特定领域建立的系统无法用在其他领域中，缺乏通用性。20 世纪 80 年代末，"人工智能 2.0"时期的技术局限性日益突出，专家系统维护困难、弱点不断暴露，导致人工智能第二次进入寒冬。

于是，一些学者尝试让机器自己来学习知识，而不依赖于人工输入，这就是"人工智能 3.0 时期"，即让机器从数据中学习到有价值的知识。

1974 年，保罗·韦伯斯（Paul Werbos）创造了神经网络反向传播算法（Back Propagation，

BP 算法）。1981 年韦伯斯在 BP 算法中提出多层感知机模型，带领机器学习进入了新时代。1989 年，杨·勒丘恩（Yann LeCun）设计出了第一个真正意义上的卷积神经网络，其中 BP 算法用于手写数字的识别，这是现在被广泛使用的深度卷积神经网络的鼻祖。SVM（Support Vector Machine，支持向量机）可通过公式将输入向量映射到高维空间中，使得原本非线性的问题能得到很好的处理。而 AdaBoost（Adaptive Boosting，自适应增强）则代表了集成学习算法的胜利，通过将一些简单的弱分类器集成起来使用达到惊人的精度。随机森林（Random Forests）算法出现于 2001 年，与 AdaBoost 算法同属集成学习，它虽然简单，但在很多问题上的使用效果却非常好，因此现在还在被大规模使用。

1.2.4　4.0 时代 深度学习

4.0 时代：深度学习，人工智能蓬勃兴起的时代。（与人工智能、机器学习的关系见图 1-5）

2006 年，计算机科学家杰弗里·辛顿（Geoffrey Hinton）和他的学生在顶尖学术刊物 *Science* 上发表了一篇论文，提出了深度信念网络的概念，开启了深度学习（Deep Learning）在学术界和工业界的研究浪潮。

深度学习可以让那些拥有多个处理层的计算模型来学习具有多层次抽象的数据的表示。这些方法在许多方面都带来了显著改善，包括最先进的语音识别、视觉对象识别、对象检测和许多其他领域，例如，药物发现和基因组学等。深度学习能够发现大数据中的复杂结构。

深度卷积网络在处理图像、视频、语音和音频方面带来了突破，而递归网络在处理序列数据，比如文本和语音方面表现出闪亮的一面。

2012 年，在 ImageNet 大赛上，AlexNet 经典网络运用卷积神经网络算法夺冠；2014 年，谷歌研发出 20 层的 VGG 模型。同年，DeepFace、DeepID 模型横空出世，在 LFW（Labeled Faces in the Wild，人脸识别公开测试集）数据库上的人脸识别、人脸认证的准确率达到 99.75%，几乎超越人类的识别能力。2015 年深度学习领域的三巨头勒丘恩、本希奥、辛顿联手在 *Nature* 上发表综述，对深度学习进行科普。2016 年 3 月深度学习机器人 AlphaGo 打败了李世石。

阿里的人工智能 ET 拥有全球领先的人工智能技术，已具备智能语音交互、图像和视频识别、交通预测、情感分析等技能。基于阿里云成熟的人脸核心技术，ET 的人脸识别已经覆盖了人脸检测、器官轮廓定位、人像美化、性别年龄识别、一对一人脸认证和一对多人脸识别等多个功能，人脸检测精度在业内标准测试集 FDDB（Face Detection Data Set and Benchmark，脸部检测标准数据库）上检测精度达 92.7%，处于领先地位，人脸识别在 LFW 上识别率达 99.2%。

现在，正处于人工智能"深度学习"的快速增长期。（深度学习与机器学习的比较见图 1-6）

思考：通过查找资料来分析一下，深度学习之后的下一个人工智能研究方向是什么？

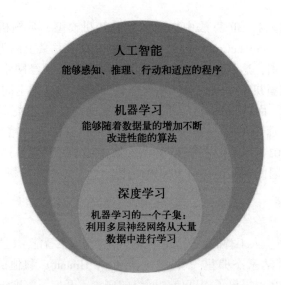

图 1-5　人工智能、机器学习、深度学习之间的关系

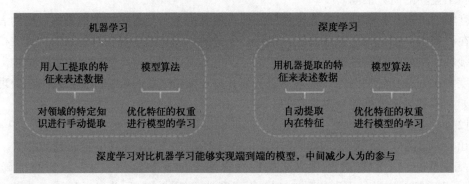

图 1-6　深度学习和机器学习的比较

1.3　人工智能的未来发展趋势

1.3.1　人工智能对人类的影响

快递公司开始使用 24 小时不停歇还几乎零差错的分拣机器人，并开始测试无人驾驶送件车。

人工智能对人类的影响

超市便利店开始尝试无人售货或自助买单，收银员不再是必不可少的了。

富士康声称要在 10 年内用机器人代替 80% 的工人。

淘宝开始用人工智能替代普通美工，一秒钟就能做出 8000 张海报。

医院开始用人工智能和大数据帮助医生判断病情，准确率已接近 80%。

律师事务所开始用人工智能审核法律文件，节约了大量的人力和时间。

就连一些公司的推销或客服电话，都开始由人工智能呼出或接听，不仅应答自如，普通话还比一般人标准得多。人工智能的发展为人们带来便利的同时，也改变了就业结构，见图 1-7。

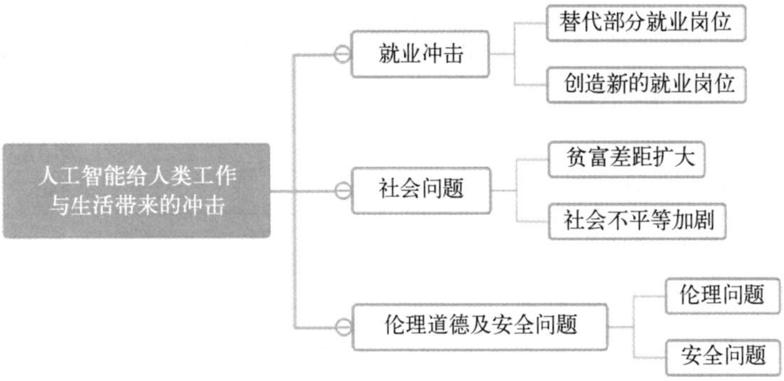

图 1-7　人工智能可能带来的现实问题

麦肯锡全球研究院基于工作模块的逻辑，从 2000 多种工作涉及的具体内容出发进行考察。每项工作内容的完成需要五大类（感知、社交和情感、认知、自然语言处理和物理性身体机能）18 种工作能力中的一种或数种。分析认为，目前全球可完全自动化的工作还相对较少（不到 5%），但是在所有职业中，60% 的工作包含了至少 30% 可完全实现自动化的部分。其特点为：

（1）低时薪

2016 年 12 月，美国政府在《人工智能自动化及经济》报告中认为，时薪低的工种受到人工智能技术的冲击最大。

（2）中技能

在高、中、低技能三类工种划分中，哪个更容易被人工智能所替代？我们本能的第一反应，可能回答是"低技能"。但其实，类似于护工这种看起来"低技能"的工作，反而更可能是高时薪的工作（特别在发达国家），此外因为这种工作用人工智能来实现的难度大、投入产出比低，所以资本短期内也不愿意投入。

（3）非顶级

人工智能可能渗透到生产生活的任何一个领域，可对常规的、可程序化的工作进行替代和辅助，但是对于每个领域的最高级部分，如顶级的设计、撰写具有较高的文化素养的诗歌文章等是人工智能无法替代的。相对应的是，"非顶级"的人才，无论是理工科还是文化创意类的，都很容易被人工智能替代。

未来 20 年有可能被人工智能替代的工作见表 1-1。

表 1-1　未来 20 年有可能被人工智能替代的工作

岗　　位	被替代率
电话推销员	99.0%
打字员	98.5%
会计	97.6%
保险业务员	97.0%
银行职员	96.8%
政府职员	96.8%
接线员	96.5%
前台	95.6%
客服	91.0%

（续）

岗　　位	被替代率
人事	89.7%
保安	89.3%
房地产经纪人	86%
工人，以及瓦匠、园丁、清洁工、司机、木匠、水管工等第一、第二产业工作	60%～80%
厨师	73.4%
IT 工程师	58.3%
图书管理员	51.9%
摄影师	50.3%
演员、艺人	37.4%
化妆师	36.9%
写手、翻译	32.7%
理发师	32.7%
运动员	28.3%
警察	22.4%
程序员	8.5%
健身教练	7.5%
艺术家	3.8%
音乐家	4.5%
科学家	6.2%
牙医、理疗师	2.1%
建筑师	1.8%
公关	1.4%
心理医生	0.7%
教师	0.4%
酒店管理者	0.4%

人工智能在取代一些岗位的同时，也会创造出很多新的岗位。一方面人工智能这个产业自身的发展需要大量人才。算法工程师、芯片设计师、机器人制造等职位的人才缺口都很大。另一方面，人工智能的发展能够催生出新业态、新岗位和大量就业机会。为人工智能"打工"的数据标注员就是一个鲜明的例子，此前有统计表明，中国全职的数据标注员已达到10万人，兼职人群的规模则接近100万。

（1）人工智能相关的"新行业"带来的"新职位"

这一类岗位包括自然语言处理工程师、语音识别工程师、机器人道德及暴力评估师等。此外，"研究人工智能如何影响就业"本身已经成为一个职位；而且，研究人工智能和社会、法律、伦理、安全等问题，在欧美已经被广泛讨论，在国内也已起步。

（2）其他行业"旧职位"的"人工智能化"

例如"产品经理"升级为"人工智能产品经理"；"互联网媒体"升级为"人工智能领域的垂直媒体"；"TMT（科技、媒体和通信）投资"升级为"专注于 AI 领域的投资"。虽然部分工作会被人工智能取代，但剩下的少数人可能收入会更高，特别是垂直领域的人工智能顾问，即会运用人工智能技术或产品的垂直领域专家，因为"AI+人工"会是未来很长一段时间内的人工智能产品应用形态。

（3）人工智能激发出人性角度的更多需求，导致某些"旧职位"的需求量变大

人工智能普及后，人们将拥有更多的闲暇时间，一方面，会导致娱乐、游戏方面的需求变大；另一方面，也很可能导致更多的身体或心理方面的问题，使得身体和心理健康方面的需求被放大，会产生如游戏试玩员、整理师等服务类工作岗位。

人工智能发展趋势

1.3.2　人工智能发展趋势

1. 人工智能技术发展趋势

（1）生成式对抗网络（GAN）

2014 年，谷歌研究员伊恩·古德费洛（Ian Goodfellow）提出了生成式对抗网络（Generative Adversarial Networks，GAN）模型，利用"人工智能 VS 人工智能"的概念，提出两个神经网络：生成器和鉴别器。谷歌 DeepMind 对 GAN 进行了大规模数据集的训练，以创建"BigGANs"。深度学习领域的杰出代表，纽约大学终身教授勒丘恩认为，生成式对抗网络（GAN）及其相关的变化，是机器学习领域近十年最有趣的想法。

在 GAN 设置中，两个由神经网络进行表示的可微函数被锁定在一个框架中。这两个参与者（生成器和鉴别器）在这个框架中要扮演不同的角色。生成器试图生成来自某种概率分布的数据。鉴别器就像一个法官，可以决定输入的数据是来自生成器还是来自真正的训练集。

目前，GAN 是机器学习中最热门的学科之一。这些模型具有解开无监督学习方法（Unsupervised Learning Methods）的潜力，并且可以将机器学习拓展到新领域。

（2）胶囊网络

众所周知，深度学习推动了今天的大多数人工智能应用的发展，而胶囊网络的出现可能会使其改头换面。深度学习界的领航人杰弗里·辛顿在其 2011 年发表的论文中提到"胶囊"这个概念，并于 2017 年正式提出"胶囊网络"（CapsNets）的概念。

针对当今深度学习中最流行的神经网络结构之一的卷积神经网络（CNN），辛顿指出了其存在诸多不足，CNN 在面对精确的空间关系方面就会暴露其缺陷。比如将人脸图像中嘴巴的位置放置在额头上面，CNN 仍会将其辨识为人脸。CNN 的另外一个主要问题是无法理解新的观点。黑客可以通过制造一些细微变化来混淆 CNN 的判断。

胶囊网络由胶囊而不是神经元组成。胶囊是用于学习检测给定图像区域内特定对象（如矩形）的一小组神经元，它输出一个向量（如一个 8 维向量），该向量的长度表示被检测对象存在的估计概率，而方向（如在 8 维空间中）对被检测对象的姿态参数（如精确的位置、旋转角度等）进行编码。如果被检测对象发生细微改变（如移动、旋转、调整大小等），则胶囊仍将输出相同长度的向量，但方向稍有不同。

（3）边缘计算

边缘计算是一种拓扑，其中信息处理和内容收集传递更靠近信息源，并且将流量保持在本地，将减少延迟。目前，该技术的重点是物联网系统需要在嵌入式物联网世界中提供断开连接或分布式功能，满足行业在实时业务、应用智能、安全与隐私保护等方面的基本需求。

基础架构开始向靠近数据源的边缘位置以及端侧设备转移，而人工智能将最先受益于边缘计算。边缘设备将包含人工智能算法，并将推动计算能力的交付。

（4）量子计算

半导体电路小型化的快速发展使得传统计算机的性能不断提升。然而，这个小型化存在一个固有极限，即当芯片上电路元件的尺寸缩小到纳米尺度时，量子力学效应将会占据主导地位，并影响元件的性能。这将是摩尔定律的终点（摩尔定律认为在价格不变的前提下，集成电路上可容纳的元器件数目每隔 18~24 个月就会增加一倍，其性能也提升一倍）。

对于传统计算机来说，这是不可避免的命运；但是科学家们已经开始考虑，能否把这种情况下有害的量子现象转变为有益的——构建一个利用由薛定谔方程描述的量子力学逻辑进行计算的计算机，而不再是利用布尔逻辑进行计算的传统计算机。量子计算机这个理念是美国物理学家理查德·费曼（Richard Feynman）在 1981 年首次提出的。他认为，原则上，人们可以设计一种计算机，该计算机通过量子力学特性来工作，模拟量子系统并采用量子方程得到解。费曼的这个理念在学术领域引起了很大重视。

量子计算是一个典型的跨学科领域，需要相关领域的科学家与工程师密切合作，尤其是量子物理学家与计算机科学家之间的合作。算法的突破将激发硬件的改进，反之亦然。而当量子计算机发展到一定阶段，将会需要计算机科学的变革。传统计算机的数据存储、运算系统和编程语言都需要被重新设计。虽然目前尚不清楚这将怎样完成，但这是一个重要的研究方向。许多 IT 行业的领军公司早已构建了大量的项目来发展量子软件。

（5）类脑智能

当前，人工智能存在两条技术发展路径。一条是以模型学习驱动的数据智能，另外一条是以认知仿生驱动的类脑智能。现阶段人工智能发展的主流技术路线是数据智能，但是数据智能存在一定局限性，例如：需要海量数据和高质量的标注；自主学习、自适应等能力弱，高度依赖于模型构建；计算资源消耗比较大，CPU、GPU 消耗量巨大；缺乏逻辑分析，推理能力不足，仅具备感知识别能力；时序处理能力弱，缺乏时间相关性；只能解决特定问题，所以仅适用于专用场景。

类脑智能可以解决数据智能的局限和不足。类脑智能可处理小数据、小标注问题，适用于弱监督和无监督问题；更符合大脑认知能力，自主学习、关联分析能力强，鲁棒性较强；计算资源消耗较少，人脑计算功耗仅约 20 W，类脑智能可以模仿人脑实现低功耗；逻辑分析和推理能力较强，具备认知推理能力；时序相关性好，更符合现实世界；可能解决通用场景问题，实现强人工智能和通用智能。

（6）人工智能驱动

用于构建基于人工智能的解决方案的工具正在从针对数据科学家（人工智能基础设施，人工智能框架和人工智能平台）的工具扩展到针对专业开发人员社区（人工智能平台，人工智能服务）的工具。借助这些工具，专业开发人员可以将人工智能驱动的功能和模型注入应用程序，而无须专业数据科学家的参与。

用于构建基于人工智能的解决方案的工具正在赋予人工智能驱动的功能。这些功能可以帮助专业开发人员并自动执行与人工智能增强型解决方案的开发相关的任务，增强分析、自动化测试、自动代码生成和自动化解决方案的开发过程将被加速，并使更广泛的用户能够开发应用程序。

支持人工智能的工具正在从协助自动化应用程序开发（AD）相关的功能演变为使用业务领域专业知识自动化 AD 流程堆栈（从一般开发到业务解决方案设计）的更高活动。

2. 人工智能产业发展趋势

（1）人工智能与实体经济融合不断深入

政府部门、金融业、互联网等行业在经过近几年的应用实践后将全面扩展人工智能的应用。而新零售、新制造、新医疗领域也将成为人工智能市场的新增长点。

（2）人机协作将成为人工智能落地应用的主要方式

未来的人机协作将关系到人类和人工智能系统之间功能的划分，具体的协作方式可以分为三种，即共同执行、辅助执行、替代执行。未来，人机协作下的人工智能系统将能够直观地与用户交互并实现无缝人机合作。

（3）通用人工智能的实现仍需长期攻关

人工智能学科的核心目标是，有朝一日我们能够建造像人类一样聪明的机器。这样的系统通常被称为通用人工智能系统（AGI）。到目前为止，我们已经建立了无数人工智能系统，它们在特定任务中的表现可以超过人类，但是当涉及一般的脑力活动时，目前还没有一个人工智能系统能够比得上老鼠，更别说超过人类了。

思考：除了教材上举例的那些职业岗位，你觉得未来还有哪些工作岗位会被替代？未来还会产生哪些新的工作岗位？

_____

_____

_____

【前沿概览——拥抱人工智能】

人工智能从诞生以来，其理论和技术日益成熟，应用领域也不断扩大。可以设想，未来应用人工智能可以问诊看病、自动驾驶、自动识别客户、代替流水线上的人工作业，承担系列工作。它的发展带来的科技产品将会是人类智慧的结晶。苹果公司的 CEO 库克说："很多人都在谈论人工智能，我并不担心机器会像人一样思考，我担心人会像机器一样思考。"许多电影题材也体现了近些年弥漫在人类社会的担忧，从《黑客帝国》到《攻壳机动队》，伴随着人工智能的到来，另一个更严肃的问题或许是：人工智能最终是否会取代人类？

但与其担心被替代，不如拥抱新技术、新革新。人类历史一路走来，交通工具从马车到火车、汽车，再到飞机、高铁，哪一样不是技术的革新？哪一样离得开技术创新？机器的优势在于存储量大、计算速度快，有数据库作为支撑，能用已有的知识快速搜索、匹配。机器不知疲倦，能承担超负荷工作，能代替很多人类工人。但是目前的人工智能机器没有灵魂、不会思考，它能学习人类的已知领域的知识，却不能像人类一样思考探索未来，因为人类有独特的创造力。在未来，人工智能一定能取代大部分的危险性工作，像开矿、修桥开路、海底作业等。人类可以有更多的时间、空间去从事更有创造性、更有挑战性、更有价值的工作。

（1）人工智能时代应该学什么

在人工智能时代，程式化的、重复性的、仅靠记忆与练习就可以掌握的技能将是最没有价值的技能，几乎都可以由机器完成。相反，那些最能体现人的综合素质的技能，例如：人对于复杂系统的综合分析、决策能力，由生活经验及文化熏陶产生的审美创作能力；基于人自身情感（爱、恨、热情、冷漠等）与他人互动的能力等，这些是人工智能时代最有价值，最值得培养的技能。而且，对这些技能的掌握，大多数都因人而异，需要"定制化"的教育或培养，不可能从传统的"批量"教育中获取。未来的制造业是机器人智能流水线的天下，人类只有学习更高层次的知识，比如系统设计和质量管控，才能体现人类的价值。

（2）人工智能时代该如何学习

如果想跟上新时代的潮流，就必须不断学习，不断用新的知识充实自己，获得新的技能，甚至是获取一个全新的身份。学习方法非常重要，好的学习方法会事半功倍，未来的学习方法包括：主动挑战极限、从实践中学习、关注启发式教育、培养创造力和独立解决问题的能力、主动向机器学习、既学习人人协作，也学习人机协作，由接受教育转变为终身学习。这对大部分人来说，可能比其他任何事情都要难，因为就我们的心理和情感而言，改变常常令人难以接受，压力倍增。长时间的改变会导致长时间的压力。

🔍【巩固与练习】

一、填空题

1. 人工智能的英文简称是（   ）。

2. 人工智能起源于（   ）年，当年著名的数学家、逻辑学家阿兰·图灵发表了一篇划时代的论文（《   》），并提出了著名的（   ）测试。

3. 阿里的人工智能叫作（   ），它拥有全球领先的人工智能技术，具备智能语音交互、图像/视频识别、交通预测、情感分析等技能。

二、选择题

1. 以下不属于人工智能时代应培养的技能是（   ）。

A. 程式化的、重复性的、仅靠记忆与练习就可以掌握的技能

B. 对于复杂系统的综合分析、决策能力

C. 由生活经验及文化熏陶产生的直觉、常识

D. 基于人自身的情感与他人互动的能力

2. 以下不属于人工智能技术发展趋势的有（   ）。

A. 类脑智能   B. 深度学习   C. 边缘计算   D. 胶囊网络

3. 关于人工智能对就业的影响，以下说法错误的是（   ）。

A. 人工智能将会替代大量就业岗位，造成大规模失业

B. 人工智能对简单、重复、程序化的岗位有一定的替代作用

C. 人工智能会创作出许多全新的工作岗位

D. 人工智能使得许多现有工作岗位工作内容发生转变

4. 以下哪个岗位最不容易被人工智能取代？（   ）

A. 艺术家   B. 客服   C. 打字员   D. 房地产经纪人

5. 以下不属于人工智能技术层中的基础框架的是（   ）。

A. 机器学习   B. 分布式存储   C. 分布式计算   D. 神经网络

6. 机器学习属于人工智能发展历程中的哪一阶段？（   ）

A. 人工智能1.0时代 B. 人工智能2.0时代 C. 人工智能3.0时代 D. 人工智能4.0时代

7. 以下不属于人工智能技术层中的算法模型的是（   ）。

A. 机器学习   B. 深度学习   C. 机器问答   D. 增强学习

8. 人工智能产业链不包含（　　）。

A. 基础层　　　　　　B. 技术层　　　　　　C. 应用层　　　　　　D. 系统层

9. 在 20 世纪 70 年代中后期，人工智能进入了"知识表示期"，（　　）后来被称为"知识工程"之父。

A. 爱德华·费根鲍姆　B. 阿兰·图灵　　　　C. 约翰·麦卡锡　　　D. 尼尔斯·尼尔森

三、简答题

1. 人工智能涉及哪些学科领域？

2. 简要论述人工智能对就业产生的影响。

3. 简要论述应该如何积极应对由人工智能时代所带来的各种挑战。

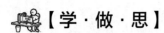 【学·做·思】

1. 做一份知识归纳图表，说明人工智能产业链，并谈一下人工智能对自己所学专业的影响以及对未来的思考与规划。

思维导图：

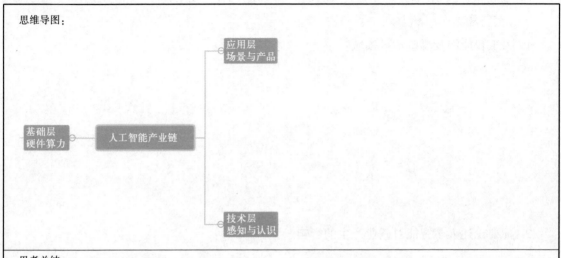

思考总结：

2. 挑选一部你感兴趣的人工智能电影，进行观看，围绕人工智能，完成一篇 300 字的影评或观后感。并思考：在自己所学的专业中，人工智能有哪些应用？未来人工智能可能会有哪些应用？

电影简介：

思考总结：

第2章　人工智能生态

【学习目标】

1. 理解什么是大数据
2. 理解物联网的概念，并了解其相关应用
3. 理解云计算的概念，并了解其相关应用
4. 理解区块链的概念，并了解其相关应用
5. 理解机器学习的概念，并了解其相关应用
6. 理解深度学习的概念，并掌握深度学习的运作原理

【教学要求】

知识点：大数据、物联网、云计算、区块链、机器学习、深度学习

能力点：深度学习的运作原理

重难点：深入理解区块链的重要性及其应用，深入理解深度学习的概念及其运作原理

【思维导图】

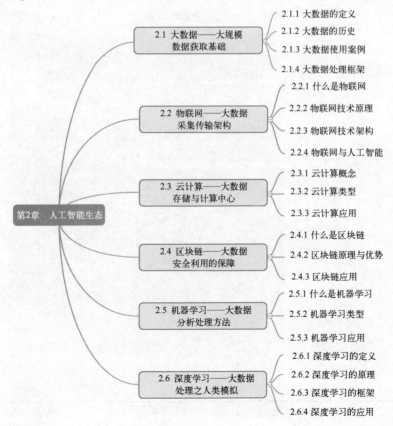

2.1　大数据——大规模数据获取基础（对象）

2.1.1　大数据的定义

大数据是指包含更多种类的，以越来越大的数量和更快的速度产生的数据。其特征被简称为"三个 V"，即数量（Volume）、速度（Velocity）和多样性（Variety）。

简单地说，大数据是更大、更复杂的数据集，特别是来自新的数据源。这些数据集数量庞大，传统的数据处理软件根本无法管理它们。但这些大数据可以用来解决你以前无法解决的业务问题。

1. 数量

数据的数量很重要。通过大数据，可以处理大量低密度、非结构化的数据。这可能是一些价值未知的数据，如社交媒体数据源、网页或移动应用上的点击流、支持传感器的设备获取的数据等。不同的主体产生的数据的量级也不同，可能是 TB 量级，也可能是数百 PB 量级。

2. 速度

速度是指接收和处理数据的快速率。通常情况下，最高速度的数据流直接进入内存，而不是写入磁盘。一些支持互联网的智能产品是实时或接近实时运行的，需要实时评估和行动。

3. 多样性

多样性指的是许多可用的数据类型。传统的数据类型是结构化的，并且整齐地排列在关系型数据库中。随着大数据的兴起，数据有了新的非结构化的数据类型。非结构化和半结构化的数据类型，如文本、音频和视频，需要额外的预处理以获得意义并支持元数据。

在过去的几年里，又出现了两个"V"：价值（Value）和真实性（Veracity）。数据具有内在的价值。但在发现这种价值之前，它是没有用的。而且，你的数据的真实性如何决定了你能在多大程度上依赖它。

今天，大数据已经成为资产。想想世界上一些大的科技公司，它们提供的价值有很大一部分来自于它们的数据，这些公司不断地分析这些数据以产生更大的效益和开发新产品。

技术的突破成倍地降低了数据存储和计算的成本，使得存储更多的数据比以前更容易，更便宜。随着大数据量的增加，企业可以做出更准确和精确的商业决策。

寻找大数据的价值并不仅仅是分析它，而是一个完整的发现过程，需要有洞察力的分析师、商业用户和高管提出正确的问题，识别模式，同时做出明智的假设，并预测行为。

2.1.2　大数据的历史

虽然大数据的概念被提出的时间较晚，但大数据集的起源可以追溯到 20 世纪 60～70 年代，当时的数据世界刚刚兴起，出现了第一批数据中心和关系型数据库。

2005 年，人们意识到用户通过社交媒体、视频托管网站和其他在线服务产生了大量数据。这些数据需要被存储和处理。Hadoop（一个专门为存储和分析大数据而创建的开源框架）在同一年被开发出来。

开源框架的发展，如 Hadoop（以及 Spark），对大数据的发展至关重要，因为它们使大数据更容易处理，存储成本更低。随着时间的推移，大数据的数量急剧上升。这其中不仅包括人类活动产生的数据，还包含了物体和设备产生的数据。

随着物联网（IoT：Internet of things）的出现，更多的物体和设备被连接到互联网上，用于收集关于客户使用模式和产品性能的数据，这也产生了大量数据。

虽然大数据已经取得了很大进展，但它的作用才刚刚开始显现。云计算将大数据的可能性进一步扩大。云计算提供了真正具有弹性的可扩展性。图数据库也变得越来越重要，它能够以一种快速而全面的分析方式显示大量的数据。

2.1.3 大数据使用案例

大数据可以帮助解决一系列从客户体验到客户分析的业务活动。以下是其中一些案例。

1. 产品开发

例如淘宝和京东公司的分析师已经使用大数据来预测客户需求。他们通过对以往和当前产品或服务的关键属性进行分类，并对这些属性与产品的商业成功之间的关系进行建模，为新产品或服务建立预测模型。此外，他们使用来自社交媒体、测试市场和早期商店推出的数据和分析，来计划、生产和推出新产品。

2. 预测性维修

可以预测机械故障的因素可能深埋在如设备的年份、品牌和型号的结构化数据中，以及涵盖数百万日志条目、传感器数据、错误信息和发动机温度等非结构化数据中。通过在问题发生之前分析这些潜在问题的迹象，企业可以更有效地部署维护工作，并最大限度地延长零件和设备的正常运行时间。

3. 客户体验

大数据时代比以往更容易对客户体验有一个清晰的认识。大数据使企业能够从社交媒体、网络访问、呼叫记录和其他来源收集数据，以改善互动体验，最大限度地提高产品的价值。并可以提供个性化的优惠，减少客户流失，同时能够更积极主动地处理问题。

4. 欺诈和合规

当涉及安全问题时，用户面对的往往是整个黑客团队，而不仅仅是几个黑客。安全形势和合规性要求在不断变化。大数据能帮助用户识别数据中的欺诈模式，并迅速汇总大量信息，使欺诈行为被更快地监管。

5. 运营效率

运营效率也是大数据影响非常大的一个领域。通过大数据，企业可以分析和评估生产、客户反馈、退换货等其他因素，以减少停工的可能性和预测未来的需求。大数据也可用于改善决策，使运营更符合当前的市场需求。

6. 推动创新

创新是一个国家和民族发展的不竭动力。大数据可以通过研究人类、机构、实体和流程之间的相互依存关系，然后确定更好地利用这些数据关系的新方法，并实现创新。比如，使用数据洞察力来改善关于财务和规划的决策；研究趋势和客户的需求，以提供新的产品和服务；实施动态定价，等等。大数据的应用使这些领域有了无尽的可能性。

2.1.4　大数据处理框架（Hadoop HDFS）

Apache Hadoop 软件是一款作为专门为存储和分析大数据而创建的开源框架。支持使用简单的编程模型实现跨计算机集群对大型数据集进行分布式存储和处理。Hadoop 支持从一台计算机扩容至包含数千台计算机的集群，其中每台计算机均提供本地计算和存储功能。通过这种方式，Hadoop 可以高效存储和处理从 GB 级到 PB 级的大型数据集。

Hadoop 框架主要由四个模块组成，这四个模块协同运行以形成 Hadoop 生态系统。

Hadoop Distributed File System（HDFS）：作为 Hadoop 生态系统的主要组件，HDFS 是一个分布式文件系统，可提供对应用数据的高吞吐量访问，而无需预先定义架构。

Yet Another Resource Negotiator（YARN）：YARN 是一个资源管理平台，负责管理集群中的计算资源并使用它们来调度用户的应用。它在整个 Hadoop 系统上执行调度和资源分配工作。

MapReduce：MapReduce 是一个用于大规模数据处理的编程模型。通过使用分布式和并行计算算法，MapReduce 可以沿用处理逻辑，并帮助编写模型，同时将大型数据集转换为可管理数据集的应用。

Hadoop Common：Hadoop Common 包括其他 Hadoop 模块使用和共享的库以及实用程序。

所有 Hadoop 模块的设计均基于以下基本假设：单个计算机或多个计算机的硬件故障很常见。一旦发生硬件故障，应由框架在软件中自动处理。

除了 HDFS、YARN 和 MapReduce 以外，整个 Hadoop 开源生态系统仍在不断发展，其中包括许多可以帮助收集、存储、处理、分析和管理大数据的工具和应用。例如 Apache Pig、Apache Hive、Apache HBase、Apache Spark、Presto 和 Apache Zeppelin（见图 2-1）。

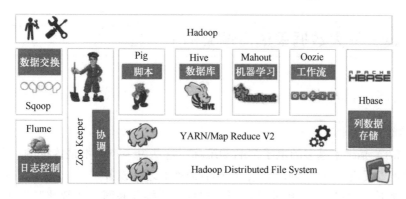

图 2-1　Hadoop 生态系统

1. Hadoop 有哪些优势？

（1）容错性

在 Hadoop 生态系统中，即使单个节点在大型集群上运行作业时故障率较高，数据也会在整个集群中进行复制，以便在发生磁盘、节点或计算机故障时轻松恢复数据。

（2）费用控制

Hadoop 比其他平台更经济实惠，每 TB 存储的价格相对较低，用户无需在硬件上花费大量的资金。

（3）开源框架创新性

与致力于开发专有解决方案的内部团队相比，Hadoop 得到了全球性社区的支持，各地的专业人员团结在一起，通力合作，以更快、更高效的方式引入新的概念和功能。开源社区的集体力量能够提供更多想法、更快的开发速度，以及在出现问题时能及时进行问题排查，进而缩短产品上市时间。充分展现了合作的意义，体现了合作的价值。

2. 为什么需要使用 Hadoop？

Hadoop 的出现是为了更快速、更可靠地处理海量大数据。Hadoop 实现了整个开源软件生态系统，越来越多的数据驱动型公司开始部署 Hadoop 用以存储和解析大数据。Hadoop 的分布式特性旨在检测和处理应用层故障，凭借计算机集群提供高可用性服务，以降低单个计算机故障带来的风险，而不是依靠单独的硬件来提供关键的高可用性。即所谓的"三个臭皮匠顶个诸葛亮"。

Hadoop 使用包含多台计算机的集群，来并行分析海量数据集，而不是使用一台大型计算机存储和处理数据。Hadoop 可以处理各种形式的结构化和非结构化数据，与关系型数据库和数据仓库相比，Hadoop 为企业收集、处理和分析大数据提供了更高的速度和灵活性。

思考：

通过查阅资料，了解大数据的产生背景，并简述大数据现象是怎样形成的。

_____

_____

_____

2.2 物联网——大数据采集传输架构（平台）

2.2.1 什么是物联网

1. 物联网的概念

物联网（IoT）是越来越多的电子产品的统称。这些电子产品不是传统的计算设备，而是连接到互联网可以发送数据、接收指令，或两者兼而有之的设备。

在这个概念下，"物"的范围非常广泛，包括：连接互联网的"智能"版本的传统电器，如冰箱，灯泡；只存在于互联网世界中的小工具，如数字助理；工厂、医疗保健、交通、配送中心和农场等场景中支持互联网的传感器。

物联网将互联网、数据处理和分析的力量带入了充满物理对象的现实世界。对于消费者而言，这意味着无需键盘和屏幕等媒介，即可与全球信息网络进行交互；他们的许多日常物品和设备都可以从该网络获取指令，而无需人工干预。

在企业环境中，物联网可以为实体制造、销售，带来类似互联网为传播知识提供的效率。全球数百万甚至数十亿的嵌入式互联网传感器正在提供极其丰富的数据集，企业可以使用这些数据实现、跟踪资产和减少人工流程。研究人员还可以使用物联网来收集有关人们偏好和行为的数据，尽管这可能会对隐私和安全产生严重影响。

2. 物联网容量

截至 2020 年，物联网设备数量已超过 500 亿，这些设备每年将产生 4.4 ZB 的数据。（ZB，Zettabyte　1 ZB = 1 万亿 GB）。相比之下，2013 年物联网（IoT）设备仅产生了 1000 亿 GB 的数据。物联网市场的利润增长速度同样惊人（见图 2-2），其在 2025 年的市场利润估计在 14.4 万亿美元。

物联网利润增长(万亿美元)

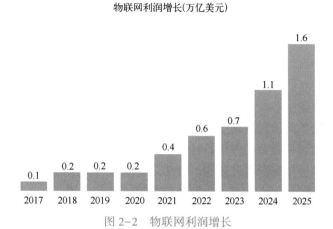

图 2-2　物联网利润增长

3. 物联网的历史

连接设备和传感器无处不在的世界是科幻小说中所描述的未来的场景之一。1970 年卡内基梅隆大学的自动售货机为连接到物联网的第一台设备，当时，许多技术被吹捧为拥有能够实现"智能"物联网风格的特性，赋予它们未来主义的光泽。物联网一词是由英国技术专家凯文·阿什顿（Kevin Ashton）于 1999 年提出的。

起初，技术落后于愿景。每个连接互联网的事物都需要一个处理器和一种与其他事物通信的方式，最好是无线通信，而这些因素带来了成本和功率要求，使得至少在摩尔定律时代广泛的物联网部署变得不切实际。

物联网发展的一个重要的里程碑是 RFID（Radio Frequency Identification，射频识别）标签的广泛采用。这是一种廉价的微型转发器，可以贴在任何物体上，以将其连接到更大的互联网世界。无所不在的 Wi-Fi 和移动通信网络使物体可以在任何地方轻松实现无线连接。

IPv6 的推出更是意味着能将数十亿个"物"连接到互联网且不会耗尽 IP 地址。

2.2.2　物联网技术原理

1. 物联网工作原理

物联网的基本元素是收集数据的设备。从广义上讲，它们是连接到 Internet 的设备，因此它们都有一个 IP 地址。为了使这些"物"上的数据有用，需要对其进行收集、处理、过滤和分析，每一种行为都可以通过多种方式进行处理。

收集数据是通过将数据从设备传输到收集点来完成的。该过程可以使用一系列技术，或有线网络，或无线网络，传输数据。数据可以通过互联网发送到数据中心，或发送到具有存储和计算能力的云。传输也可以分阶段进行，通过中间设备发送到数据中心，中间设备在发送之前可以聚合数据（见图2-3）。

图 2-3　物联网工作原理

处理数据可以在数据中心或云中进行，但有时这不是唯一的选择。工业环境中，在关闭关键设备的情况下，从设备向远程数据中心发送数据的延迟太大。发送数据、处理数据、分析数据和返回指令的往返时间可能会花费很长时间。在这种情况下，智能边缘设备可以在相对较近的物理距离内通过边缘计算实现聚合数据、分析数据并在必要时做出响应，从而减少延迟。边缘设备还具有用于发送数据以进行进一步处理和存储的上游连接。

2. 物联网设备示例

从本质上讲，任何能够收集关于物理世界的信息并将其发送回来的"东西"都可以参与到物联网生态系统中。比如智能家电、RFID 标签和工业传感器等。这些传感器可以监测一系列因素，包括，工业系统中的温度和压力、机械关键部件的状态、患者的生命体征、水和电的使用情况，以及许多其他可能性。

整个工厂机器人也都可以被视为物联网设备，就像在工业环境和仓库中移动产品的自动驾驶汽车一样。比如 AGV（Automatic Guided Vehicles，自动导引运输车）。

其他示例包括可穿戴健身设备和家庭安全系统。还有更多通用设备，例如 Raspberry Pi 或 Arduino，可让用户构建自己的物联网（IoT）端点。尽管用户可能仅将智能手机视为袖珍计算机，但它也很可能以非常类似于物联网的方式，向后端服务发送有关用户的位置和行为数据。

为了协同工作，所有这些设备都需要进行身份验证、配置和监控，并根据需要对其进行修补和更新。

2.2.3　物联网技术架构

1. 物联网通信标准和协议

当物联网设备与其他设备通信时，它们可以使用多种通信标准和协议，其中许多是为处理能力有限或电力不足的设备量身定制的。例如，一些设备使用 Wi-Fi 或蓝牙。但更多是专门用于物联网世界的，例如，ZigBee。ZigBee 是一种用于低功耗、短距离通信的无线协议，而消息队列遥测传输（MQTT）是一种发布、订阅消息的传递协议，适用于通过不可靠或容易延迟的网络连接的设备。

近场通信（Near Field Communication，NFC）是一种新兴的技术，使用了 NFC 技术的设备（例如移动电话）可以在彼此靠近的情况下进行数据交换，是由非接触式射频识别（RFID）及互连互通技术整合演变而来的，通过在单一芯片上集成感应式读卡器、感应式卡片和点对点

通信的功能，利用移动终端实现移动支付、电子
票务、门禁、移动身份识别、防伪等应用。蜂窝
网络（Cellular）5G 标准的速度和带宽的提高也将
使物联网受益，尽管这种使用将落后于普通手机
（见图 2-4）。

2. 物联网、边缘计算和云

对于大多数物联网系统来说，大量数据快速
而激烈地涌入，这催生了一种新技术，即边缘计
算。边缘计算是放置在相对靠近物联网的设备
（边缘设备）上发生的计算，用来处理来自物联
网的数据流。这些设备处理该数据，并仅将核心
数据发送回更集中的系统（可能是中间设备，也
可能是数据中心）进行分析。例如，想象一个由
数十个物联网安全摄像头组成的网络。边缘计算

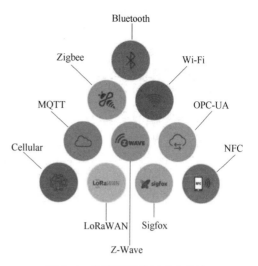

图 2-4 物联网通信标准和协议

系统可以分析传入的视频，并仅在其中一个摄像头检测到移动时，向安全运营中心发出警报，
而不是用实时视频流全部推给安全运营中心。

处理完的这些数据可能会进入集中式数据中心，但通常会进入到云中。云计算的弹性特性
非常适合数据可能间歇或异步传入的物联网场景。

2.2.4 物联网与人工智能

1. 物联网和数据

如上文所述，所有这些物联网设备都在收集巨量的数据，通过边缘网关汇集，然后发送到
平台进行处理。在许多情况下，这些数据是部署物联网的首要原因。通过从现实世界中的传感
器收集信息，从而可以实时做出灵活的决策。

例如，想象一个场景，景点鼓励游客下载提供有关景点信息的应用程序。同时，该应用程
序将游客的 GPS 信号发送回景点管理人员，以帮助预测游客的排队等候时间。有了这些信息，
景点就可以做出短期（例如，通过增加员工以增加某些景点的容量）和长期（了解景点中哪
些游乐设施最受欢迎和最不受欢迎）决策。

"君子以思患而预防之"，人要居安思危，有些工作也需要防患未然。这时，物联网的部
署与人工智能分析就极有价值了。例如，从化工厂管道中的压力传感器收集的数据可以通过边
缘设备中的软件进行分析，该软件可以发现管道即将破裂的危险信息，并且该信息可以触发信
号并关闭阀门以避免泄漏，防患未然。

2. 物联网和大数据分析

许多大数据操作的流程是，使用从物联网设备收集的信息，并与其他数据点相关联，以深
入了解人类行为。例如，将从联网咖啡机收集的咖啡冲煮信息与社交媒体帖子进行匹配，以查
看客户是否在网上谈论咖啡品牌。

3. 物联网数据和人工智能

物联网设备可以收集海量的数据，并以有用的方式处理数据。边缘设备只是为了理解来自
物联网端点的原始数据。我们还需要检测和处理可能完全错误的数据。

因而，许多物联网供应商还提供了机器学习和人工智能功能来理解收集的数据。例如，它可以在物联网数据集上进行训练，以在预测性维护领域产生有用的结果。例如，分析来自无人机的数据以区分桥梁的轻微损坏和需要注意的裂缝。同时，低功耗芯片也可以在物联网终端上提供人工智能所具备的功能。

思考：

1. 简述物联网的定义，分析阐述物联网"物"的条件。

2. 通过查阅资料，查找物联网的应用领域及前景。

2.3 云计算——大数据存储与计算中心（算力）

2.3.1 云计算概念

1. 什么是云计算？

简单地说，云计算是通过互联网（"云"）来交付计算服务。包括服务器、存储、数据库、网络、软件、分析和智能，以更快地提供创新、灵活的资源和规模经济。用户通常只需为使用的云服务付费，从而降低运营成本且更高效地运行基础架构并随着业务需求的变化而扩展。

2. 云计算的主要优势

转向云计算服务是企业对 IT 资源的传统思考方式的重大转变。以下是企业转向云计算服务的七个常见原因。

① 成本。云计算消除了购买硬件和软件以及设置、运行现场数据中心（服务器机架、全天候供电和冷却电力以及管理基础设施的 IT 专家）的资本支出。

② 速度。大多数云计算服务都是自助服务和按需提供的，因此即使是大量计算资源也可以在几分钟内提供，且操作方便，这为企业提供了很大的灵活性并减轻了容量规划的压力。

③ 全局可扩展。云计算服务的好处还包括弹性扩展的能力。这意味着在需要实时从正确的地理位置提供适量的 IT 资源。

④ 生产率。现场数据中心通常需要大量"机架和堆叠"，即硬件设置、软件修补和其他耗时的 IT 管理杂务。云计算消除了对其中许多任务的需求，因此 IT 团队可以将时间花在实现更重要的业务目标上。

⑤ 性能。最大的云计算服务在全球安全数据中心网络上运行，这些数据中心会定期升级计算硬件。与单个企业数据中心相比，这提供了多项优势，包括减少应用程序的网络延迟和更

大的规模经济。

⑥ 可靠性。云计算使数据备份、灾难恢复和业务连续性变得更容易，且成本更低，因为数据可以在云提供商的网络的多个冗余站点上进行镜像。

⑦ 安全。许多云提供商提供了一系列广泛的策略、技术和控制措施，可以增强整体安全状况，帮助保护数据、应用程序和基础设施免受潜在威胁的破坏。

2.3.2 云计算类型

并非所有云都是相同的，也没有一种云计算适合所有人。用户可以根据需求选择不同类型的云、不同服务的云，以找到能满足自己需求的解决方案。

1. 部署云服务的方式

首先要确定将要实施云服务的云部署类型或云计算架构。部署云服务有三种不同的方式：公有云、私有云和混合云。

公有云由第三方云服务提供商拥有和运营，这些提供商通过 Internet 提供他们的计算资源，如服务器和存储。使用公有云，所有硬件、软件和其他支持基础设施都由云提供商拥有和管理。用户可以使用网络浏览器访问这些服务并管理其账户。

私有云是指由单个企业或组织专门使用的云计算资源。私有云的物理位置可以位于公司的现场数据中心。一些公司还向第三方服务提供商付费以托管他们的私有云。私有云是一种在私有网络上维护服务和基础设施的云。

混合云是将公共云和私有云结合，并通过允许在它们之间共享数据和应用程序的技术结合在一起的云服务。通过允许数据和应用程序在私有云和公共云之间移动，从而为企业提供了更大的灵活性和更多的部署选项，并有助于优化企业现有的基础架构、安全性和合规性。

2. 云服务类型：IaaS、PaaS、serverless 和 SaaS

大多数云计算服务分为四大类：基础设施即服务（IaaS）、平台即服务（PaaS）、无服务器计算（Serverless）和软件即服务（SaaS）。这些有时被称为云计算"堆栈"，因为它们是建立在彼此之上的。了解它们是什么以及它们有何不同可以更轻松地实现用户的业务目标（见图 2-5）。

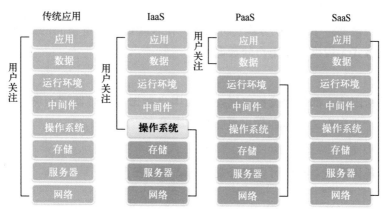

图 2-5　传统应用和各种云服务的差异

基础设施即服务（IaaS）是云计算服务的最基本类别。使用 IaaS，用户可以按即用即付的方式从云提供商处租用 IT 基础设施，如服务器和虚拟机（VM）、存储、网络、操作系统。

平台即服务（PaaS）是指，为开发、测试、交付和管理软件应用程序提供所需环境的云计算服务。PaaS 旨在让开发人员更轻松地快速创建 Web 或移动应用程序，而无需担心设置或管理开发所需的服务器、存储、网络和数据库的底层基础架构。

无服务器计算（Serverless）与 PaaS 重叠，无服务器计算专注于构建应用程序功能，而无需花时间持续管理所需的服务器和基础设施。云提供商为用户处理设置、容量规划和服务器管理等服务。无服务器架构具有高度可扩展性和事件驱动性，仅在发生特定功能或触发器时才使用资源。

软件即服务（SaaS）是一种通过 Internet 并按需提供软件应用程序的方法，通常以订阅为基础。通过 SaaS，云提供商托管和管理软件应用程序和底层基础设施，并处理任何维护问题，如软件升级和安全补丁。用户通常使用手机、平板计算机或 PC 上的 Web 浏览器通过 Internet 连接到应用程序。

2.3.3 云计算应用

很多人现在可能正在无意识地使用云计算。比如，用户使用在线服务发送电子邮件、编辑文档、观看电影或电视、听音乐、玩游戏或存储图片和其他文件，这就是在使用云计算功能，它在幕后使这一切成为可能。云计算服务才刚刚出现 10 年，但已经有如小型初创公司、跨国公司、政府机构及非营利组织等各种组织出于各种原因正在采用这项技术。

以下是云提供商提供的云服务的一些示例。

1. 创建云原生应用程序

快速构建、部署和扩展应用程序——Web、移动和 API。利用云原生技术和方法，例如容器、Kubernetes、微服务架构、API 驱动的通信和 DevOps。

2. 测试和构建应用程序

通过使用可轻松扩展或缩减的云基础架构来降低应用程序开发的成本和时间。

3. 存储、备份和恢复数据

通过将用户的数据由 Internet 传输到可从任何位置和任何设备访问的异地云存储系统，以更具成本效益的方式大规模保护用户的数据。

4. 分析数据

在云中，可跨团队、部门和位置实现统一的用户数据。然后使用云服务（例如机器学习和人工智能）来产生洞察力，从而做出更明智的决策。

5. 流式传输音频和视频

随时随地在任何设备上提供可全球分发的高清视频和音频。

6. 嵌入智能

使用智能模型来帮助、吸引客户并从捕获的数据中提供有价值的见解。

7. 按需交付软件

按需交付软件可随时随地为客户提供最新的软件版本和更新。

2.4　区块链——大数据安全利用的保障（安全）

2.4.1　什么是区块链

区块链通常是一个存储交易和所有权的实时、不可变的数据库。

想象一个将信息存储在"块"中的数据库，这些"块"可以在单独的计算机上复制，并且复制的所有数据都是相同的，并且彼此同步。当有人添加或删除数据时，它会更改所有"块"中的信息。

每一个区块链都和你的网上银行门户一样安全——几乎无法破解。区块链分类账可以包含大量文件，包括贷款、土地所有权、物流清单和几乎任何有价值的东西。大数据信息可以在多验证环境中共享，非常适合实时、安全的信息共享。

区块链技术的势头显然正在增长，预计到 2030 年，区块链将产生 3.1 万亿的商业价值。

区块链的重要性：首先，区块链对安全很重要。新区块（带有新信息）总是添加到链的末尾。每个添加的新区块都有自己的数字签名或散列，它是一系列数字和字母。类似各种各样的秘密数学代码。此后若更改块中的数量或数字，这些签名也会更改。其次，这项技术还省去了中间商，帮助公司节省资金。区块链允许企业更直接地验证和执行安全交易。从理论上讲，交易无需律师、银行家、经纪人和其他中间人即可完成。它们以更具交互性的方式完成，因为链中的任何人都可以更改数据，而其他参与者也可以查看和验证更改后的数据。

2.4.2　区块链原理与优势

1. 区块链如何运作

它的运作基于分布式账本技术。构成这些分类账的点对点网络中的每个人都可以查看各个区块中的相同信息。

记录在一台计算机或节点上的交易，对数字网络中的每台计算机都是可见的。每台计算机上都可以看到相同的数据。更重要的是，这些计算机可以拒绝或验证新增交易，然后将被验证的记录保存至区块链中。

这就是该技术很难被破解的原因。每一台计算机都有一个自动更新的副本，没有一台计算机能单独控制记录，在一个区块中更改记录就意味着整个链都需要验证。

2. 区块链的主要好处

区块链技术的透明性和不可改变性使其具有许多优势。

① 透明度：区块链中的信息对所有参与者可见，不能更改。这将在建立信任的同时降低风险和欺诈。

② 安全性：区块链的分布式和加密特性意味着它很难被黑客入侵。这显示了对商业和物联网安全性的承诺。

③ 更少的中介机构：区块链是一个真正的点对点网络，将减少对第三方中介机构的依赖。这意味着更少的数据输入错误，以及更少的交易费用，使得流程更高效。

④ 可追溯性：由于区块链数据是不可更改的，因此它非常适合通过复杂的供应链来跟踪和追踪物品或来源。

⑤ 更高的效率和投资回报率：分布式账本通过帮助企业创建更精简、更高效和更高盈利

的流程来提高投资回报率。

⑥ 更快的流程：区块链可以加速多方场景中的流程执行，并且交易可不受办公时间的限制。

⑦ 自动化：区块链是可编程的，一旦满足条件，就可以自动触发操作、事件和付款。

⑧ 数据隐私：通过共识过程验证信息并将其添加到区块链时，数据本身通过哈希码转换为一系列字母和数字。若没有密钥，网络中的参与者将无法翻译该信息。

从医疗保健到银行和会计公司，越来越多的企业正在利用区块链。以下是一些最有可能应用区块链的领域。

1. 供应链中的区块链

区块链技术正在提高整个供应链的透明度和问责制。公司正在使用应用程序来跟踪和追溯材料的来源、证明真实性、提前召回并加速货物流动。

区块链真正发挥作用的领域是食物链，它被用来跟踪从农场到餐桌的易腐烂食品。食品制造商可以邀请任何人加入到区块链中，例如食品供应商、农民等。在食品收获时，会被分配一个二维码，其中包含各种信息，例如其来源、种植者的名称以及它是有机的还是来自公平贸易公司。信息被存储到区块链中，并当食品在供应链中移动时，信息在区块链中被不断更新。这样，如果发生食品被召回的情况，制造商可以使用区块链将受影响的批次归零，从而减少更大规模召回的成本。交付后，零售商和消费者也可以使用二维码查看食品的关键信息。

2. 人力资源中的区块链

验证应聘候选人的资格和经验可能是一个耗时的过程，因为候选人可能会为多个雇主工作，承担零工任务，并且更频繁地在不同工作之间转换。用于记录教育水平、获得的认证、工作经历和其他资格的单一区块链可以为人力资源专业的人员提供一种更有效地验证职业资格的方法。

3. 医疗保健中的区块链

医疗保健提供者可以利用区块链来安全地存储患者的医疗记录。当病历生成并签名后，可以将其写入区块链，为患者提供无法更改病历的证明和信心。这些个人健康记录可以通过私钥进行编码并存储在区块链上，以保证只有特定的人可以访问它们，从而确保隐私。

思考：

1. 思考区块链应用是否会改变传统行业。

_____

_____

_____

_____

2. 通过查阅资料，了解如何实施区块链项目。

_____

_____

2.5 机器学习——大数据分析处理方法（算法）

2.5.1 什么是机器学习

近年来，机器学习获得了极大的关注，因为它能够应用于多个行业，并可以快速地解决复杂问题。通过使用正确的数据集，机器学习可以解决跨行业领域的大量挑战。下面将介绍机器学习所解决的一些典型问题，以及如何使企业能够准确地利用它们的数据。

机器学习基本概念

什么是机器学习？

机器学习是人工智能的一个子领域，是 IT 系统识别大型数据库中的模式以独立找到问题解决方案的技术。简单地说，它是可以帮助计算机自行学习的各种技术和工具的总称。

机器学习发展历程

传统编程是手动创建的程序，使用输入数据并在计算机上运行以产生输出。而在机器学习中，输入和输出数据通过算法让计算机自动创建程序。它带来了强大的洞察力，可用于预测未来的结果。

机器学习算法可以在包含图像、数字、文字等内容的大量统计数据中找到模式。数据可以被数字化存储，并运用机器学习算法来解决具体问题。

2.5.2 机器学习的类型

机器学习的类型分为：监督学习，无监督学习及半监督学习（见图 2-6）。

机器学习的分类

1. 监督学习

监督学习，也称为监督机器学习，其定义是使用标记数据集来训练算法以准确地对数据进行分类或预测结果。当输入数据导入模型时，它会调整其权重，直到模型得到适当拟合为止。在训练模型的过程中使用交叉验证，以确保模型不发生过拟合或欠拟合。监督学习可帮助人们解决各种实际问题，例如，将垃圾邮件分类到垃圾邮箱中。监督学习中使用的一些方法包括神经网络、朴素贝叶斯、线性回归、逻辑回归、随机森林、支持向量机（SVM）等。

2. 无监督学习

机器学习的类型

无监督学习，也称为无监督机器学习，是使用机器学习算法来分析和聚类未标记的数据集。这些算法不需要人工干预即可发现隐藏的模式或数据分组。其发现信息异同的能力使其成为探索性数据分析、交叉销售策略、客户细分、图像和模式识别等领域的理想解决方案。它还可以通过降维过程减少模型中的特征数量，其中主成分分析（PCA）和奇异值分解（SVD）是两种常用的方法。无监督学习中使用的其他算法还包括神经网络、k 均值聚类、概率聚类方法等。

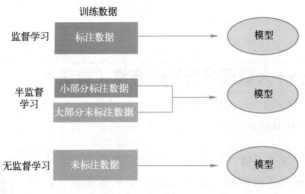

图 2-6　机器学习的三种类型

3. 半监督学习

半监督学习在监督学习和无监督学习之间提供了一个合理的媒介。在训练期间，它使用较小的标记数据集来指导从较大的未标记数据集中进行分类和特征提取的操作。半监督学习可以解决没有足够多的标记数据（或无法负担足够多的标记数据成本）来训练监督学习算法的问题。

2.5.3　机器学习的应用

机器学习的应用有很多，包括外部（以客户为中心）应用，例如产品推荐、客户服务和需求预测，以及内部应用，如帮助企业改进产品或加快手动耗时的流程（见图 2-7）。

机器学习应用领域

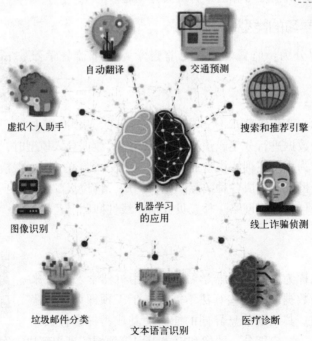

图 2-7　机器学习的应用

机器学习算法通常用于，解决方案需要在部署后持续改进的领域。适应性强的机器学习解决方案具有惊人的动态性，并被各个垂直领域的企业采用。

我们在这里简单介绍几个机器学习的案例。

1. 识别垃圾邮件

垃圾邮件识别是机器学习最基本的应用之一。我们的大多数电子邮件的收件箱中也有一个垃圾邮件箱，我们的电子邮件提供商会在其中自动过滤不需要的邮件。但是他们怎么知道该电子邮件是垃圾邮件呢？

他们使用经过训练的机器学习模型，根据电子邮件的主题和发件人及内容等共同特征识别所有垃圾邮件。如果你仔细查看你的电子邮件的收件箱，你会发现挑选垃圾邮件并不难，因为它们看起来与真实电子邮件大不相同。现在使用的机器学习技术可以非常成功地自动过滤这些垃圾邮件。

2. 产品推荐

推荐系统是日常生活中最具特色且无处不在的机器学习应用之一。这些系统被搜索引擎、电子商务网站、娱乐平台以及多个网络和移动应用程序频繁使用。

在线零售商通常会为每个消费者单独展示推荐产品列表。这些推荐通常是基于用户的行为数据和参数产生的，例如，购买记录、商品浏览量、页面浏览量、点击次数、表格填写、购买的商品详情（价格、类别）和上下文数据（位置、语言、设备），以及浏览记录。

这些推荐系统使企业能够吸引更多流量、提高客户参与度、降低流失率、提供相关内容并提高利润。所有此类推荐系统都是基于机器学习模型对客户行为数据的分析产生的。这是在线零售商使用机器学习提供额外价值并享受各种追加销售机会的绝佳方式。

3. 客户细分

客户细分、流失预测和客户终身价值预测是任何营销人员面临的主要挑战。企业拥有来自各种来源的大量的营销相关数据，例如，电子邮件活动、网站访问者和潜在客户数据。

使用数据挖掘和机器学习，可以实现对个人的营销优惠和激励措施的准确预测。精明的营销人员可以利用机器学习来消除营销中涉及的猜测。例如，分析用户在试用期内的行为模式和所有用户过去的行为，可以预测用户转换为付费用户的机会。此决策问题的模型将允许程序触发客户干预，以尽早地说服用户成为付费用户。

4. 图像和视频识别

在过去几年中，深度学习（机器学习的一个子集）的进步刺激了图像和视频识别技术的快速发展。它们可用于多个领域，包括对象检测、人脸识别、文本检测、视觉搜索、地标检测和图像合成。

由于机器擅长处理图像，因此机器学习算法可以训练深度学习框架，达到比人类更准确地识别和分类数据集中的图像的效果。

与图像识别类似，许多企业使用机器学习进行视频识别，把视频逐帧分解并分类为单个数字图像进行处理。

5. 欺诈交易

如今，欺诈性银行交易非常普遍。然而，就所涉及的成本和效率而言，调查每笔交易是否存在欺诈性是不可行的，这就会导致客户服务体验不佳。

金融领域的机器学习可以自动构建超准确的维护模型，以识别各种可能的欺诈活动，并确定其优先级。然后，企业可以创建基于数据的队列并调查高优先级事件。它允许企业将资源部署在企业能获得最大调查投资回报的区域。此外，它还可以通过保护客户的账户，而不是挑战有效交易来帮助优化客户满意度。人们可以训练机器学习模型，根据特定的特征，标记疑似是欺诈行为的交易，再使用机器学习的欺诈检测功能进行检测，以帮助银行和金融组织节省争议费用。

6. 需求预测

需求预测的概念被用于多个行业，从零售和电子商务到制造和运输。它将历史数据提供给机器学习算法和模型，以预测产品、服务、电力等。

它使企业能够有效地收集和处理来自整个供应链的数据，从而减少开销并提高效率。

机器学习驱动的需求预测准确、快速且透明。企业可以利用上述特点，从源源不断的供需数据中获得有意义的见解，并做出相应改变。

7. 虚拟个人助手

各种虚拟个人助手可以识别用户的语音指令并查找到准确信息，例如"呼叫某人"、打开电子邮件、安排约会等。

这些虚拟助手使用机器学习算法来记录用户的语音指令，通过服务器将它们发送到云端，然后使用机器学习算法对其进行解码并采取相应的行动。

8. 情感分析

情感分析是一种有益的实时机器学习应用程序，可帮助用户确定一段语音或文字数据背后的情感或观点，用于分析决策应用程序、基于评论的网站等。

例如，如果某人写了评论、电子邮件或任何其他形式的文档，情绪分析器将能够评估这些文本的实际想法和语气。

9. 客户服务自动化

管理越来越多的在线客户并与之互动已成为大多数企业的痛点。这是因为企业根本没有那么多的客服来处理每天收到的大量服务需求。机器学习算法使用聊天机器人和其他类似的自动化系统，能够非常容易地填补这一空白。机器学习的这种应用，使公司的日常工作和低优先级的任务自动化，让员工腾出时间来处理更高级别的客户服务任务。

此外，机器学习技术可以轻松地访问数据、解释行为和识别模式。这也可以用于客户服务系统，该系统接受人类语言和人类语音变化的训练，有效地将语音翻译成文字，然后做出切合主题的智能响应，使其可以像真人一样工作，并解决客户的独特需求。 机器学习正改变我们的生活

思考：

1. 通过查阅资料，简述哪些传统行业能充分发挥机器学习的作用。

_____

_____

_____

2. 通过查阅资料，列举机器学习目前面临的主要的挑战。

_____

_____

_____

2.6　深度学习——大数据处理之人类模拟（智能）

2.6.1　深度学习的定义

深度学习是人工智能的一个子集，是一种能让计算机和设备学习并具备逻辑功能的机器学习技术。之所以得名深度学习，是因为它涉及多层神经网络结构，其中还包括一些隐藏层。潜得越深，从输入数据中提取到的信息就越复杂（见图2-8）。

深度学习方法依赖于各种复杂的程序来模仿人类智能。这种特殊的方法使计算机能识别各种模式，以便将它们分为不同的类别。采用深度学习，计算机不需要依赖大量的编程，就可以使用图像、文本或音频文件以类似人类的方式识别和执行任何任务。

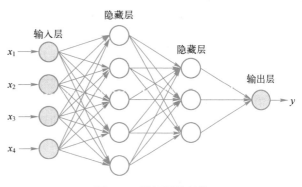

图 2-8　神经网络结构

人们看到的所有自动驾驶汽车、遇到的个性化推荐以及使用的语音助手都是深度学习影响人类日常生活的例子。只要经过适当训练，计算机就能够成功地模仿人类的表现，并且有时能够提供准确的结果。深度学习是侧重于将机器置于庞大数据集的迭代学习方法。它可以帮助计算机识别数据特征并适应变化。反复接触数据集，有助于机器理解差异、逻辑并得出可靠的数据结论。如今，深度学习的发展使其具有更复杂的功能，并使其变得更加可靠，成功吸引了众多专业人士的关注。

2.6.2　深度学习的原理

深度学习需要通过迭代方法来教机器模仿人类智能。其通过几个层次的神经网络来执行这种迭代方法。初始级别是帮助机器学习简单的信息，随着级别的深入，信息不断积累，每到一个新的级别，机器就会获取更深层次的信息，并将其与上一级别学到的知识结合

起来。在该过程结束时，系统将收集到作为复合输入的最终信息。这些信息因为通过了多层神经网络架构，看起来像是复杂的逻辑思维。

让我们通过下例来做进一步剖析。

以语音助手为例，看看它如何使用深度学习来实现自然对话体验。在神经网络的初始阶段，当语音助手被输入数据时，它会尝试识别语音、语调等。在下一层，它将获取有关词汇的信息，并将先前发现的信息融合到其中。在更后面的层次中，它将分析、结合所有信息。对于层次结构的最顶层，语音助手将学习到足够多的知识，使之能分析对话，并根据输入的语音指令，执行相应的操作。

神经网络的构建是以神经元为基本单位的。当为输入节点（神经元）提供信息时，每个节点都会被分配一个值（以数字形式）。数值越大的节点，其激活值也越大，节点根据传递函数和连接强度来传递激活值。

一旦节点收到激活值，它就会计算整个数值，并根据传递函数对其进行修改。该过程的下一步是应用激活函数，该函数可帮助神经元决定是否需要传递信号。在激活过程之后，权重被分配给突触。权重对于人工神经网络如何运作至关重要，我们可以调整权重（在训练人工神经网络时，权重经常改变）来决定信号是否可以通过。在激活过程之后，网络到达输出节点。输出节点会解释信息以供用户理解。成本函数用以比较预期输出和实际输出以评估模型性能。根据要求，人们可以从一系列成本函数中进行选择，以减少损失函数。较低的损失函数将带来更准确的输出。

神经网络中反向传播和前向传播是两种基本的信息传播方式。

反向传播是一种计算误差函数梯度与神经网络权重保持一致的方法。这种反向计算的过程有助于消除不正确的权重，并达到预期的目标。

另一方面，前向传播是达到目标输出的累积方法。在这种方法中，输入层处理信息并通过网络向前传播。一旦将预期结果与真实结果值进行比较，就会计算出误差并将信息向后传播。在调整权重以达到最佳水平后，可以测试网络的最终结果（见图 2-9）。

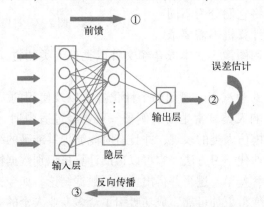

图 2-9　神经网络中反向传播和前向传播

2.6.3　深度学习的框架

在各种可用的深度学习框架中，图 2-10 所示架构是免费提供的。

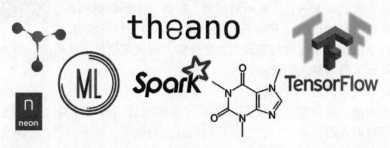

图 2-10　深度学习的常用框架

1. TensorFlow

TensorFlow 是一个端到端的机器学习开源平台。它拥有全面、灵活的工具、库和社区资源生态系统，使研究人员可以开发机器学习方面最先进的应用，开发人员可以轻松地构建和部署机器学习驱动的应用程序。

深度学习框架

2. Microsoft Cognitive Toolkit

对于基于图像、语音和文本的数据最有效，MCTK 支持 CNN 和 RNN。对于复杂的层类型，可为之提供细粒度的网络层设计，允许用户使用高级语言设计新的复杂网络。

3. PyTorch

PyTorch 是用 Python 实现的张量和动态神经网络，具有强大的 GPU 加速。除了 GPU 加速和内存的高效使用之外，PyTorch 流行的主要驱动力是动态计算图的使用。

4. PaddlePaddle

PaddlePaddle 作为国内唯一自主研发的深度学习平台，2016 年正式向专业社区开源，是一个技术先进、功能丰富的行业平台，涵盖核心深度学习框架、基础模型库、端到端开发套件、工具和组件以及服务平台。PaddlePaddle 起源于工业实践，致力于工业化。已被制造业、农业、企业服务等多个行业广泛采用，服务超过 230 万个开发商。凭借这些优势，PaddlePaddle 已经帮助越来越多的合作伙伴将 AI 商业化。

5. Keras

Keras 是一个可以同时在 CNN 和 RNN 上运行的框架，是许多人的选择。它基于 Python 构建，能够在 TensorFlow、CNTK 或 Theano 上运行。它支持快速实验，可以毫不拖延地将想法变成结果。Keras 的默认库是 TensorFlow。Keras 是动态的，它支持循环网络和卷积神经网络，也可以将两者结合使用。Keras 因其简单的 API，使其用户友好性很高，因而广受欢迎。由于 Keras 模型是用 Python 开发的，因此调试它们更容易。紧凑模型提供了易于扩展的新模块，这些模块可以作为类和函数直接添加到构建块类型的配置中。

6. Deeplearning4j

Deeplearning4j 是一个基于 JVM、以行业为中心、商业支持的分布式深度学习框架。Deeplearning4j 的最大优势是速度，可以在很短的时间内浏览大量数据。

2.6.4 深度学习的应用

1. 面部识别

手机的面部识别就是使用深度学习来识别面部数据点，从而解锁手机或在图像中识别你。深度学习可以帮助人们保护手机免受意外解锁的影响，让人们的体验轻松自如。即使你改变了发型、体重减轻或光线不佳。每次你解锁手机时，深度学习都会使用数千个数据点来创建你脸部的深度图，而内置的算法会使用这些数据点来识别并判断是否真的是你（见图 2-11）。

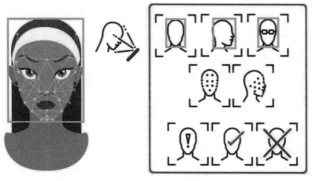

图 2-11 人脸识别应用

2. 个性化

电子商务和娱乐巨头也正在进一步构建自己的深度学习能力，以此为人们提供个性化的购物或娱乐系统。根据人们的"模式"，推荐的项目、系列电影都基于深度学习。其业务是基于人们的偏好、最近访问的物品，还有对品牌、演员、艺术家的喜好以及在平台上的整体浏览历史，在人们的潜意识中推出选项。

3. 自然语言处理

自然语言处理是最广泛的应用之一，使人工智能在使用、成熟度和复杂性方面从优秀走向卓越。很多机构正在广泛使用深度学习来增强自然语言处理应用程序中的这些复杂功能。文档摘要、问题回答、语言建模、文本分类、情感分析等功能是一些已经开始流行的应用程序中的重要组成。随着自然语言处理功能的成熟，那种依靠人工介入的口头和书面语言专业知识的工作（比如同声传译）将被淘汰。

4. 医疗保健

另一个经历了巨大增长和转型的行业是医疗保健行业。从个人虚拟助手到健身带和健身器材，计算机每秒都在记录大量有关一个人生理和心理状况的数据。疾病和状况的早期监测、定量成像、机器人手术以及专业人员决策支持工具的可用性正在成为生命科学、医疗保健和医学领域的变革因素。

5. 自动驾驶汽车

自动驾驶汽车 AI 实验室正在进行巨大变革，以使自动驾驶汽车成为现实。当然，对所有汽车巨头来说，深度学习是这一举措背后的指导原则。几款自动驾驶汽车的试验正在进行中，随着曝光量的增加，它们的学习效果也越来越好。深度学习使无人驾驶汽车能够在数百万种场景中进行导航，使驾驶过程安全舒适。来自传感器、GPS、地理测绘的数据通过深度学习结合在一起，以创建专门用于识别路径、街道标志、动态元素（如交通、拥堵和行人）的模型。

6. 文本生成

随着文本生成技术的快速发展，深度学习很快便能创造出原始文本（甚至诗歌）。从互联网文本到莎士比亚作品的大型数据集都被输入到深度学习模型中，以学习和模仿人类的创造力，包括完美的拼写、标点符号、语法、风格和语调。它还可以帮助生成文本标题、摘要。

7. 图像识别

深度学习中，卷积神经网络使数字图像处理能够进一步分为面部识别、物体识别、笔迹分析等不同领域。计算机现在可以使用深度学习来识别图像。图像识别技术是指，以数字图像处理技术为基础，利用人工智能技术，特别是机器学习方法，使计算机对图像中的内容进行识别的技术。进一步的应用包括，为黑白图像着色、为无声电影添加声音等，这对于数据科学家和该领域的专家来说如虎添翼。

思考：

通过查阅资料，阐述深度学习、神经网络、机器学习、人工智能之间的关系。

【巩固与练习】

一、填空题

1. 大数据的三个特征为：（　　　　）、（　　　　）、（　　　　）。
2. 部署云服务的三种不同的方式：（　　　　）、（　　　　）、（　　　　）。
3. 机器学习的类型分为：（　　　　）、（　　　　）、（　　　　）。

二、简答题

1. 什么是物联网？

2. 云服务有哪些类型？

3. 区块链的运作原理是什么？

4. 区块链有哪些优势？

5. 机器学习有哪些应用？

6. 深度学习的运作原理是什么？

7. 深度学习有哪些可用的框架？

【学·做·思】

1. 从人工智能生态系统技术与产业链角度（芯片和硬件、AI 基础服务和算法框架、技术层及应用层），列举相关技术要点及产业链中的典型企业（1~2 个）。

AI 生态系统：

	人工智能技术要点	列举产业链中的典型企业
应用		
技术		
算法框架		
AI 基础服务		
芯片与硬件		

思考总结：

2. 在互联网上搜索阿里云的相关资料，分析其在云计算、人工智能技术方面的布局，并完善下图。

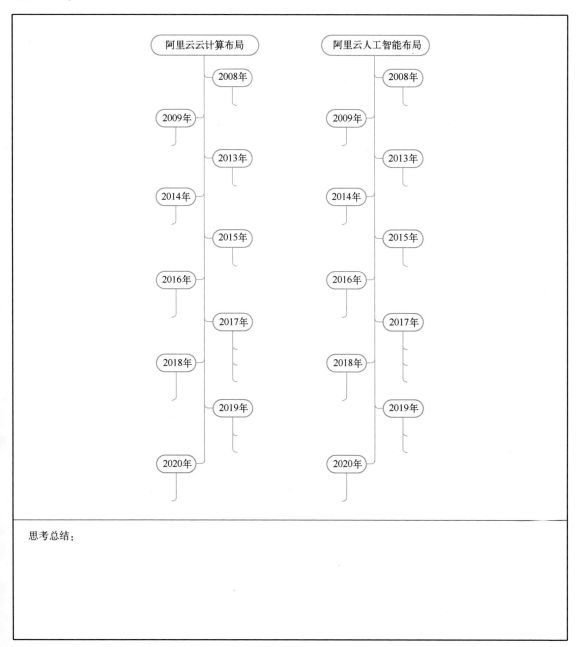

思考总结：

第3章 人工智能技术

【学习目标】

1. 理解视觉智能（计算机视觉技术），并了解其相关应用
2. 理解语音识别技术，并了解其相关应用
3. 理解语音合成技术，并了解其相关应用
4. 理解认知智能（自然语言处理）的定义
5. 理解自然语言处理的工作原理，并掌握自然语言处理中常见的任务及技术
6. 了解自然语言处理的常见应用

【教学要求】

知识点：计算机视觉、语音识别、语音合成、自然语言处理

能力点：自然语言处理中常见的任务及技术

重难点：深入理解自然语言处理的工作原理，并掌握自然语言处理中常见的任务及技术

【思维导图】

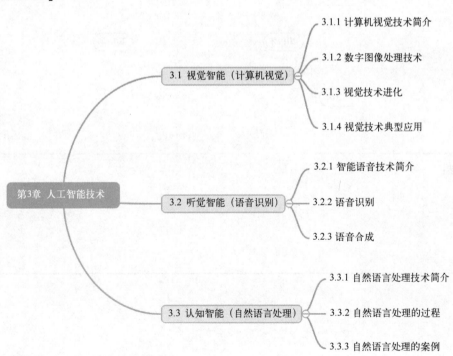

3.1 视觉智能（计算机视觉）

几十年来，人们一直梦想着创造出可以像人类一样思考和行动，具有人类智能特征的机

器。最大的愿望之一就是，让计算机能够"看到"和解释周围的世界。而昨天的梦想已经成为今天的现实。

由于人工智能和计算能力的进步，计算机视觉技术在人们日常生活中的整合方面取得了巨大的飞跃。预计 2022 年的计算机视觉的市场规模将达到 486 亿美元。

本节将介绍计算机视觉的概念，讨论这项技术是如何演变的，并分享一些可以将这项技术应用于生活的典型案例。

3.1.1 计算机视觉技术简介

计算机视觉是计算机科学的一个领域，它专注于创建可以像人类一样处理、分析和理解视觉数据（图像或视频）的数字系统。计算机视觉是基于计算机在像素级别处理图像并理解它的技术。从技术上讲，机器试图通过特殊的软件算法来检索视觉信息、处理它并解释结果（见图 3-1）。

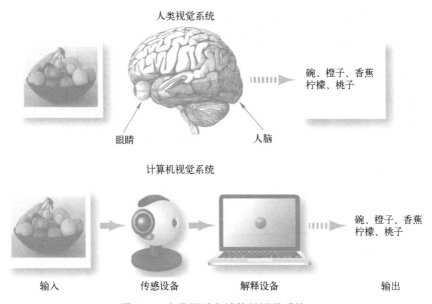

图 3-1 人类视觉和计算机视觉系统

以下是用计算机视觉系统可完成的一些常见任务。

1）对象分类：系统解析视觉内容，并将照片或视频上的对象分类到所定义的类别。例如，系统可以在一幅图像的所有对象中找到一只狗。

2）对象识别：系统解析视觉内容并识别照片或视频上的特定对象。例如，系统可以在图像中的一群狗中找到特定的狗。

3）对象跟踪：系统处理视频，查找匹配搜索条件的对象（或多个对象）并跟踪其移动。

 计算机视觉简介   计算机视觉发展简史   计算机视觉现状与未来

3.1.2 数字图像处理技术

计算机视觉技术倾向于模仿人脑的工作方式。我们的大脑是如何解决视觉对象识别的问题

呢？一种流行的假设指出，我们的大脑依赖模式来解码单个对象。这个假设被用于创建计算机视觉系统。

我们今天使用的计算机视觉算法正是基于上述模式识别图像的。我们用大量的视觉数据来训练计算机就得到了计算机处理图像功能，在图像上标记对象，并通过这些对象，找到对象的模式。例如，我们发送一百万张鲜花图像，让计算机对其进行分析，识别出与所有花朵相似的图案，并在此过程结束时创建一个模型"花朵"。其后，每次我们向计算机发送图片时，计算机都能够准确地检测出特定图像是否是花朵。

简而言之，计算机将图像解释为一系列像素，每个像素都有自己的一组颜色值。例如，图 3-2a 是一张像素图。每个像素的亮度由单个 8 位数字表示，范围从 0（黑色）到 255（白色）（见图 3-2b）。这些数字是你输入图像时，软件"看到"的数字（见图 3-2c）。这些数据被作为计算机视觉算法的输入数据，计算机视觉算法再负责进一步分析数据，从而做出决策。

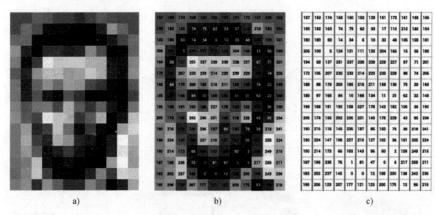

图 3-2　图像的计算机表示

3.1.3　视觉技术的进化

计算机视觉不是一项新技术。关于计算机视觉的第一个实验始于 20 世纪 50 年代。当时，计算机视觉分析程序相对简单，需要人工操作员进行大量工作，他们必须手动提供数据样本让计算机视觉程序进行分析。而手动操作很难提供大量数据，且计算机计算能力不够，所以这个分析的误差相当大。

目前，我们并不缺乏计算机的计算能力。云计算与强大的算法相结合，可以帮助我们解决各种复杂的问题。而且新硬件与复杂的算法相结合，推动了计算机视觉技术的发展；我们每天生成的大量公开可用的视觉数据，比如各种用户每天在线共享超过 30 亿张图像，借用这些数据用于训练计算机视觉系统，也是这项技术快速发展的重要原因。同时，深度学习算法也加速了它的发展。

3.1.4　视觉技术的典型应用

计算机视觉已不是遥远的未来，它早已融入我们生活的许多领域。以下是我们如今充分应用这项技术的几个例子。

1. 面部识别

面部识别技术用于将人脸照片与其身份进行匹配。该技术已集成到我们每天使用的手机等诸多电子产品设备中。面部识别是生物特征认证的关键技术。当今市场上可用的许多移动设备允许用户通过展示他们的面部来解锁设备。前置摄像头用于面部抓取;移动设备处理此图像,并根据分析判断持有设备的人是否在此设备上获得授权。这项技术的绝妙之处在于它的运行速度非常快。

2. 增强现实

计算机视觉是增强现实(Augmented Reality,AR)应用程序的核心元素。该技术可帮助AR应用在给定物理空间内的表面和对象中实时检测物理对象,并使用此信息将虚拟对象放置在物理环境中(见图3-3)。

图 3-3　增强现实

3. 自动驾驶汽车

计算机视觉使汽车能够感知周围环境。智能汽车装有几个摄像头,可以从不同角度捕捉外部环境并形成视频,并将视频作为输入信号发送到计算机视觉软件。系统实时处理视频并检测道路标记、汽车附近的物体(行人或其他汽车)、交通灯等物体。

4. 健康

图像信息是医学诊断的关键要素,因为它占所有医学数据的 90%。许多健康诊断都基于图像处理。其中,图像分割在医学扫描分析中证明了其有效性。例如,计算机视觉可以处理视网膜图片(见图3-4),并根据疾病的存在和严重程度对其进行评级,从而检测糖尿病视网膜病变(目前增长最快的失明原因)。

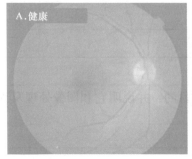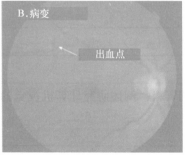

图 3-4　视网膜病变检测

癌症检测是另一个值得关注的例子。诊断不同形式癌症的准确性至关重要。计算机视觉工具能以比人类医生高得多的精度检测到癌症的转移。你可以在下图中看到淋巴结活检的特写。

该组织包含乳腺癌转移以及看起来与肿瘤相似但为良性的区域。计算机视觉算法能成功识别出肿瘤区域，且不被看起来像肿瘤的正常区域混淆（见图3-5）。

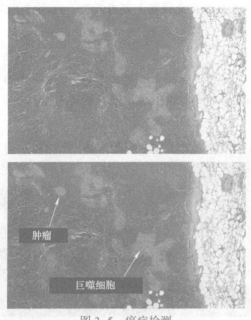

图 3-5 癌症检测

5. 农业

许多农业组织采用计算机视觉来监控收获时间并解决常见的农业问题，例如杂草出现或营养缺乏。计算机视觉系统处理来自卫星、无人机或飞机拍下的农田图像，并尝试在早期发现问题，这有助于避免不必要的经济损失。

综上所述，计算机视觉技术是一个热点技术。这项技术是如此的与众不同，借用我们每天创建的大量数据，运用不同的方法，教会计算机查看和理解事物。这项技术使我们的文明朝着创造像人类一样复杂的人工智能迈出了重要一步。对于正处于计算机技术发展飞速期的我们而言，更需要努力学习掌握更多知识，在强国之路上贡献一份力量。

思考：

1. 通过查阅资料，了解计算机视觉系统的组成部分，并详细论述各个组成部分的作用。

2. 通过查阅资料，阐述研究计算机视觉的目的，并说明它和图像处理及计算机图形学的区别和联系。

3.2 听觉智能（语音识别）

3.2.1 智能语音技术简介

被智能手机、电视、平板电脑、笔记本电脑、自动驾驶汽车等包围的我们，为创建语音识别技术付出了无数努力。在语音识别方面取得的每一次突破，都经历了无数的失败，走进过无数的死胡同。但是，山再高，只要往上攀，总能登顶；路再远，只要走下去，定能到达。在2013～2017年，语音识别单词的准确率从80%上升到了95%左右，预计2022年底语音查询将占各种搜索方式的50%。

显然，这代表了惊人的增长，但实际上，任何与数字助理交互的技术还有更大的发展空间。

虽然开发智能语音技术已花费了数十年，但是我们还远远没有达到它的顶峰。

在本节中，我们将概述智能语音技术的工作原理，以及在完善它的过程中仍然存在的障碍。

从本质上讲，智能语音技术是将音频转换为文本的过程，用于对话式 AI 和语音应用程序。

智能语音可以分为三个阶段。

1）自动语音识别（Automatic Speech Recognition，ASR）：转录音频的任务。

2）自然语言处理（Natural Language Processing，NLP）：从语音数据和随后转录的文本中获取意义。

3）文本转语音（Text To Speech，TTS）：将文本转换为类似人类的语音。

我们最常看到应用智能语音技术的领域是虚拟助手。我们说话，它们试图理解我们的意图，并且给出它们认为的最佳回应。

该过程首先使用 ASR 将录制的语音样本数字化。说话者独特的语音模板被分解为由几个以频谱图形式可视化的音调组成的离散段。使用短时傅里叶变换将频谱图进一步划分为时间步长。每个频谱图都基于 NLP 算法进行分析和转录，该算法预测语言词汇表中所有单词的概率。并利用上下文层以帮助纠正任何潜在错误。在这里，算法会根据对给定语言的知识考虑所说的内容和最可能的下一个单词。最后，设备将对听到和分析的内容使用 TTS 以做出最好的反应。

这与我们小时候学习语言的方式并没有什么不同。从孩子出生的第一天起，他们就会听到周围的语音信息。父母与孩子交谈时，即使孩子没有回应，他们也在吸收各种语言线索，包括语音、语调和发音。这是输入阶段。孩子的大脑根据父母使用语言的方式形成模式和联系。尽管人类天生善于倾听和理解，但我们终其一生都在训练将这种自然能力应用于检测一种或多种语言的模式。

一个人，自出生起能够进行完整的对话需要五六年的时间，然后我们在接下来的十多年里在学校收集更多的数据并增加我们的词汇量。到我们成年时，我们几乎可以做到听到语音时立即解释意义。

智能语音技术的工作方式类似。智能语音软件将语音分解成可以解释的数字位，将其转换为数字格式，并分析内容片段。然后它根据以前的数据和常见的语音模式做出决定，对用户在说什么做出假设。在确定用户最有可能说的话后，智能设备对应做出最好的响应。

但是，尽管人类学习语言的方式已经完善了 AI 语音识别的流程，但我们仍在投入大量的人力、研究及创新，用父母和老师训练自己的方式训练 AI，以寻找 AI 语音识别的最佳实践。

3.2.2　语音识别

无论是询问数字助理还是使用客户服务系统，语音识别都将成为未来通信的关键部分。

语音识别技术

许多企业也正在采用这种新的工作方式，来改进自己的内部流程，升级它们的客户服务系统。尽管如此，语音识别仍然相对比较稚嫩，许多人仍然对其功能和使用方式持怀疑态度。

在本小节中，我们将讨论什么是语音识别、人们可以在哪里使用它以及它有什么好处。

1. 什么是语音识别

由于现代技术的发展，计算机软件现在可以理解语音。软件可以聆听用户所说的内容，并将其解释为可以阅读和分析的数字化

语音识别历史

版本。

那么，它是如何做到这一点的呢？通过人工智能和机器学习，大量数据用于创建可以随着时间推移而变化的算法。然后人工智能从这些数据中学习并识别模式。它甚至可以了解用户的说话方式，例如，用户使用的方言。

语音识别意味着你的移动设备、智能扬声器或计算机可以听到你在说什么。当你在家中需要帮助时，这种功能非常有用，例如在上班前可以询问你的数字助理今天的天气如何，看看你是否需要带把雨伞。它还可用于在你没有时间写下来的情况下口述笔记等。

许多企业还使用它来改善客户服务。可以回答呼叫者提出某些问题，并被引导到合适的座席来解决他们的问题。这提高了首次呼叫解决率，且不必将呼叫转接到其他部门。这对于快速有效地解决客户问题及对于企业提高生产力和接听更多电话非常有用。

2. 语音识别的工作原理

那么，语音识别是如何工作的呢？它使用声纹提取技术来评估你的声音的生物特征。这包括你的声音的频率和振幅，以及你的口音。你说的每一个词都被分解成几个音调的片段。然后将其数字化以创建你自己独特的语音模板。

人工智能、深度学习和机器学习是语音识别背后的力量。人工智能用于理解我们使用的口语、缩写和首字母缩略词。然后机器学习将模式拼凑在一起，并使用神经网络从这些数据中学习。

该技术可用于多种系统，其中有一些是较为复杂的系统。例如，如果你给你的移动网络通信运营商打过电话，你可能会听到一个由语音识别提供支持的客服。你可以通过说出你需要选择的某个部门对应的数字，来定向到相应的部门。

但是语音识别可以做的远不止这些。以数字助手为例，这个聪明的助手可以通过你的声音来回答问题、播放音乐或关掉家里的灯（见图 3-6）。

3. 语音识别的用途

目前，大部分的使用语音搜索设备的人表示语音搜索已经成为他们日常生活的一部分。随

着越来越多的人习惯于通过手机和语音助手交谈，这种潮流将势不可挡。

随着行业和企业的加入，越来越多的企业采用语音识别系统来帮助它们提高客户服务的效率和准确性。

语音识别技术能够以多种方式被使用，以下是迄今为止语音识别的一些主要用途。

图 3-6　语音助理

1）听写。语音转文本的听写方式，被许多行业用来帮助处理日常流程。例如，法律行业就从语音识别中受益匪浅。律师用它来口述重要的会议，然后他们可以将其转录成文本文件。这不仅可以节省时间，还可以确保准确记录所有信息。

它还有助于日常活动。我们中的许多人都有智能手机或家庭语音助手。你可以用语音指定你的购物清单、日常任务以及任何你想记下的东西，把其转化成文本。这比自己写下来更容易，而且通常更有成效。

2）无障碍交流。语音识别也可以反向使用，即可以将文本转语音。某些平台提供此功能。许多有语言和视力障碍的人，就可以借此与他人交流。因而，它也可以用于教育领域。

4. 语音识别的优缺点

尽管许多人将语音识别视为我们未来的一部分，但它仍有一些缺点需要考虑。以下是语音识别的优缺点。

（1）优点

- 它可以帮助提高许多企业的生产力，例如医疗保健行业。
- 它可以比你键入的速度更快地捕获语音。
- 你可以实时使用文本转语音。
- 帮助有语言或视力障碍的人。

（2）缺点

- 可以记录语音数据，有些人担心这会影响隐私。所以需要机构、工作人员等遵循职业道德。
- 该软件可能会遇到新词汇的问题，尤其是在有专业术语的情况下。
- 如果你说得不清楚，它可能会误解。

3.2.3　语音合成

几乎每台现代 PC 都内置了语音合成器（一种将书面文本转换为语音的计算机化语音），主要用于帮助无法阅读屏幕上显示的文本的视力障碍人士。语音合成究竟是如何将书面语言转换为口语的？接下来将详细介绍。

1. 什么是语音合成

计算机在三个不同的阶段完成它们的工作，即输入（如：你通常使用键盘或鼠标输入信息）、处理（计算机响应你的输入，例如，通过将你输入的一些数字相加或增强你扫描的照片的颜色）和输出（你可以在其中查看计算机如何处理你的输入，通常是在屏幕上或打印在纸上）。

语音合成只是一种输出形式，计算机或其他机器通过扬声器播放的真实或模拟语音向你大声朗读单词，即文本转语音（TTS）技术（见图3-7）。

图3-7 文本转语音技术

会说话的机器并不是什么新鲜事，它们的历史可以追溯到18世纪，但能与操作员交谈的计算机仍然极为罕见。比如，我们在计算机导航仪的帮助下驾驶我们的汽车；在给某些服务公司打电话时，听到的语音提示；当我们的火车晚点时，我们在火车站听到的道歉播报。但是除了著名的斯蒂芬霍金教授（他是一个真正独特的，用电脑语音说话的人）之外，几乎没有人与我们的计算机交谈或坐在那里等待计算机的回复。然而，随着计算机生成的语音变得不那么机械化和更加人性化，这些情况都可能在未来发生变化。

2. 语音合成是如何工作的

假设你有一段文字，希望你的计算机大声朗读出来。它如何将书面文字变成你实际可以听到的语音呢？此过程涉及三个阶段：文本到单词、单词到音素和音素到声音。

（1）文本到单词

阅读听起来很容易，但如果你曾经听过一个孩童读一本对他们来说太难的书，你就会知道这并不像看起来那么容易。主要问题是书面文本是模棱两可的，相同的书面信息通常意味着不止一件事，这需要你必须理解其含义或做出有根据的猜测才能正确阅读。因此，语音合成的初始阶段，通常称为预处理或归一化，这些都是为了减少歧义。

预处理包括浏览文本并清理，以便计算机在实际大声朗读单词时犯更少的错误。数字、日期、时间、缩写词、首字母缩略词和特殊字符（货币符号等）等内容需要转换为单词——这比听起来更难。数字1843可能指数量（"一千八百四十三"）或年份（"一八四三"），每个的读法略有不同。虽然人类遵循所写内容的感觉并能以这种方式找出发音，但计算机通常没有能力做到这一点，因此它们必须使用统计概率技术（通常是隐马尔可夫模型）或神经网络学习识别模式的脑细胞阵列来代替最可能的发音。因此，如果单词"year"与"1843"出现在同一个句子中，那么猜测这是一个日期并将其发音为"一八四三"更合理。如果数字前有小数点（".843"），则将它们读作"点八四三"更合理。

（2）单词到音素

找出需要说的单词后，语音合成器生成构成这些单词的语音。理论上，这是一个简单的问题，计算机需要的只是一个巨大的，按字母顺序排列的单词列表和每个单词的发音细节（就像你在字典中找到的那样，在定义之前或之后列出发音）。对于每个单词，我们需要一个构成其发音的音素列表。

理论上，如果一台计算机有一个单词和音素的字典，它读取一个单词所需要做的，就是在列表中查找这个单词，然后读出相应的音素。但是，在实践中，这比听起来要难。比如演员可以根据文本的含义、说话的人以及他们想要传达的情感以多种不同的方式朗读单个句子（在语言学中，这被称为韵律，它是语音合成器最难解决的问题）。在一个句子中，即使是一个词（如 "read"）也可以有多种读法（如 "red" "reed"），因为它有多种含义。甚至在一个词中，一个给定的音素会根据它前后的音素而发出不同的声音。

（3）音素到声音

就算现在我们已经将我们的文本（我们的书面单词序列）转换为一个音素列表（需要说话的声音序列）。但是，当计算机将文本转换为语音时，我们从哪里获得计算机大声读出的基本音素？这里存在三种不同的方法：第 1 种是使用人类说出音素的录音；第 2 种是让计算机通过生成基本声音频率（有点像音乐合成器）来自行生成音素；第 3 种方法是模仿人声的机制。

3. 语音合成有什么用

一天中，你可能会听到各种声音，随着技术的进步，你会越来越难弄清楚你是在听简单的录音还是语音合成的声音。你可能有一个闹钟，它可以通过说出时间来唤醒你，这个声音可能是使用粗糙的语音合成的。如果你有一个电子书阅读器，也许里面藏着一个 "叙述者"。如果你有视力障碍，你可以使用屏幕阅读器从你的计算机屏幕上大声朗读单词，大多数现代计算机都有一个名为 "讲述人" 的程序，你可以打开它来执行此操作。无论你是否使用它，你的手机都可以通过智能个人助理听取你的问题并进行回复。如果你外出乘坐公共交通工具，你会一直听到录制的语音，播放安全和安保公告，或者告诉你接下来会开来什么火车或公共汽车。因为语音合成器合成的语音现在已非常逼真，所以语音合成还有一个有趣的应用，就是教授外语，可以帮助学生更好地练习发音。

思考：

思考有哪些应用能把语音识别与计算机视觉结合在一起。

_____

_____

_____

_____

3.3 认知智能（自然语言处理）

自然语言处理（NLP）允许机器分解、解析人类语言。它是翻译软件、聊天机器人、垃圾邮件过滤器、搜索引擎，到语法校正软件、语音助手及社交媒体监控工具等的核心。

自然语言处理
概念

在本节中，我们将介绍一些自然语言处理的基础知识及其面临的挑战，并介绍商业中最流行的 NLP 应用程序。

3.3.1 自然语言处理技术简介

1. 什么是自然语言处理（NLP）

自然语言处理（NLP）是人工智能（AI）的一个领域，它使机器可以理解人类的语言。NLP 结合语言学和计算机科学的力量来研究语言的规则和结构，并创建能够理解、分析和提取文本和语音含义的智能系统（运行在机器学习和 NLP 算法上）。

2. NLP 的用途

NLP 用于通过分析句法、语义、语法等不同方面来理解人类语言的结构和含义。然后，计算机科学将这种语言知识转化为基于规则的机器学习算法，以解决特定问题并执行所需的任务。

以电子邮件为例，对于关键字提取的 NLP 任务，计算机通过"阅读"主题行中的单词并将它们与预先确定的标签相关联，自动学习分配电子邮件的类别，最终把电子邮件自动分类为促销、社交、重要邮件或垃圾邮件。

3. 自然语言处理的价值

NLP 有很多使用价值，其中最为重要的大致为以下三种。

1）大规模分析。自然语言处理可以帮助计算机自动理解和分析大量非结构化文本数据，例如社交媒体评论、客户支持票、在线评论、新闻报道等。

2）实时自动化流程。自然语言处理工具可以帮助计算机在几乎没有人工交互的情况下学习分类和路由信息，该过程具有快速、高效、准确、全天候等特点。

3）为行业量身定制 NLP 工具。自然语言处理算法可以根据客户的需求和标准进行定制，例如复杂的行业、专业用语。

3.3.2　自然语言处理的过程

1. 自然语言处理工作流程

使用文本向量化，NLP 工具将文本转换为计算机可以理解的内容，然后计算机学习算法被输入训练数据和预期输出（标签），以训练计算机在特定输入与其相应输出之间建立关联。然后计算机使用统计分析方法建立自己的"知识库"，并在对看不见的数据（新文本）进行预测之前，辨别哪些特征最能代表文本。最终，这些 NLP 算法输入的数据越多，文本分析模型就越准确。

比如，作为 NLP 最流行的任务之一的情感分析，机器学习模型被训练成能根据情感的极性（正面、负面以及介于两者之间的中性）对文本进行分类（见图 3-8）。

机器学习模型的最大优势是它们能够自行学习，无需手动定义规则。你只需要一组包含所要分析的标签的示例数据，并加以训练即可。借助先进的深度学习算法，还可以将多个自然语言处理任务（如情感分析、关键字提取、主题分类、意图检测等）链接在一起，以获得更精细的结果。

2. 常见的 NLP 任务和技术

许多自然语言处理任务涉及句法和语义分析，用于将人类语言分解为机器可读的数据。

句法分析，它能识别文本的句法结构和单词之间的依赖关系，并在分析树的图表上表示出来。

语义分析侧重于识别语言的含义。然而，由于语言是多义的和模棱两可的，所以识别语义被认为是 NLP 中最具挑战性的领域之一。语义任务分析句子的结构、单词交互和相关概念，以试图发现单词的含义，以及理解文本的主题。

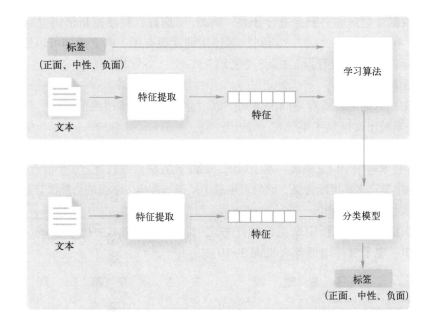

图 3-8　自然语言处理工作流程

下面，我们列出了语义和句法分析的一些主要任务：

（1）分词

句子标记化，拆分文本中的句子，称为分句，句子标记用停止符分隔。单词标记化，拆分句子中的单词，将一串单词分解为语义上有用的单元（词语），这一过程被称为分词。例如，经常组合在一起的词语，"北京"。分词是自然语言处理中的一项基本任务。以下是单词标记化进行分词的示例。

"人工智能是一门极富挑战的科学" = "人工智能" "是" "一门" "极富挑战" "的" "科学"。

（2）词性标注（Part of Speech，PoS）

词性标注涉及向文本中的每个标记添加词性类别。一些常见的 PoS 标签是动词、形容词、名词、代词、连词、介词、感叹词等（见图 3-9）。在这种情况下，上面的示例将如下所示。

- "人工智能" "科学"：名词。
- "是"：动词。
- "一"：数词。
- "门"：量词。
- "极富挑战的"：形容词。

词性标记对于识别单词之间的关系很有用，可以用于理解句子的含义。

（3）停用词删除

去除停用词，是 NLP 文本处理中必不可少的步骤。它用来滤掉对理解句子帮助很少或没有语义价值的高频词，例如 "的" "了" "儿" "吧" 等。你甚至可以自定义停用词列表来包含要忽略的词。

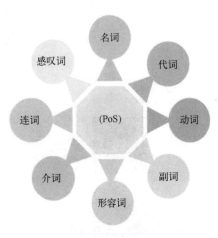

图 3-9　词性标注

假设你想根据主题对客户服务进行分类。例如："您好，我使用新密码登录时遇到问题"，删除"您好""我""使用""时""遇到"等停用词就很有用。剩下的词可以更容易帮助你理解故障单的主题："问题""登录""新""密码"。

（4）词义消歧（WSD）

根据上下文，单词可以具有不同的含义。以"生气"这个词为例。

"清晨，这座城市又恢复了生气。"

"他生气地离开了房间。"

有两种主要技术可用于词义消歧：基于知识（或字典方法）或监督方法。前者尝试通过观察文本中歧义术语的字典定义来推断含义，而后者则基于从训练数据中学习的自然语言处理算法。

（5）命名实体识别（NER）

命名实体识别是语义分析中最流行的任务之一，涉及从文本中提取实体。实体可以是姓名、地点、组织、电子邮件地址等（见图3-10）。

| 国 | 务 | 院 | 总 | 理 | 周 | 恩 | 来 | 在 | 外 | 交 | 部 | 长 | 陈 | 毅 |
| B-ORG | I-ORG | E-ORG | O | O | B-PER | I-PER | E-PER | O | O | O | O | O | B-PER | E-PER |

| 的 | 陪 | 同 | 下 | ， | 在 | 京 | 接 | 见 | 了 | 埃 | 塞 | 俄 | 比 | 亚 |
| O | O | O | O | O | O | S-LOC | O | O | O | B-LOC | I-LOC | I-LOC | I-LOC | E-LOC |

| 等 | 非 | 洲 | 1 | 0 | 国 | 的 | 元 | 首 | 。 |
| O | B-LOC | E-LOC | O | O | O | O | O | O | O |

图3-10　命名实体识别

更进一步的，基于命名实体识别，NLP可实现"关系提取"，就是找到两个实体之间的关系。例如，在短语"小明住在北京"中，一个人（小明）通过语义类别"住在"与一个地方（北京）相关联。

（6）文本分类

文本分类是理解非结构化文本的含义并将其组织成预定义类别（标签）的过程。最流行的文本分类任务之一是情感分析，旨在对非结构化数据进行情感分类（见图3-11）。其他分类任务还包括意图检测、主题建模和语言检测等。

发现人们对产品或服务的情感和感受

图3-11　情感分析

 词向量

中文分词

 词性标注

信息抽取

3. 自然语言处理的挑战

自然语言处理面临许多挑战，但 NLP 的难点主要是因为人类语言是模棱两可的。甚至人类自己也难以正确分析和分类人类语言。

以讽刺为例。你如何教机器理解用于表达与真实意义相反的表述？虽然人类很容易在下面的评论中发现讽刺，但教机器如何理解这个短语就是一个挑战：

"如果你每说一句聪明话，我才能有一块钱，我将会很穷。"

为了完全理解人类语言，数据科学家需要教 NLP 工具超越定义和词序，理解上下文、词歧义和其他与消息相关的复杂概念。但是，在微调自然语言处理模型时，他们还需要考虑如文化、背景和性别等方面。例如，同一个讽刺短语在一个国家和另一个国家之间可能会有很大差异。

自然语言处理和强大的机器学习算法（通常在协作中多次使用）正在持续改进，并为人类语言的混乱带来秩序，直到理解讽刺等概念。我们也开始看到 NLP 的新趋势，我们可以期待 NLP 在不久的将来彻底改变人类与技术的协作方式。

3.3.3　自然语言处理的案例

自然语言处理在不断发展，今天已经有很多方法应用到它。大多数情况下，你会在不知不觉中接触到自然语言处理。

通常，NLP 在我们日常使用的工具和应用程序的后台运行，帮助企业改善我们的使用体验。下面，我们重点介绍自然语言处理在日常生活中的一些最常见的用途。

1. 垃圾邮件过滤器

垃圾邮件过滤器是 NLP 最常见和最基本的用途之一（见图 3-12）。当它第一次被引入到邮件过滤时，过滤的准确率不高，但经过多年对数百万数据样本的机器学习训练，如今电子邮件很少会被错误分类了。

2. 虚拟助手、语音助手或智能扬声器

虚拟助手使用 NLP 机器学习技术来理解和自动处理语音请求。自然语言处理算法允许个人用户在没有额外输入的情况下对助手进行自定义训练，使机器从以前的交互中学习，回忆相关查询，并连接到其他应用程序。

语音助手的使用规模预计将继续呈指数级增长，因为它们被用于控制家庭安全系统、恒温器、灯和汽车，它甚至让你知道冰箱里的食物不足。

图 3-12　垃圾邮件过滤

3. 在线搜索引擎

每当你进行简单的在线搜索时，其实你都在使用 NLP 机器学习。它使用训练有素的算法，不仅搜索相关词，而且搜索检索者的意图。结果通常遵循趋势查询并随着人类语言的变化而变化。它们甚至学会建议你搜索与你的查询相关的主题，而你甚至可能没有意识到这是自己的兴趣点。

4. 预测文本

每次你在智能手机上键入文本时，你都会看到 NLP 的作用。你通常只需要输入一个单词的几个字母，短信应用程序就会为你推荐正确的文字。而且你输入的文字越多，它就越准确，识别常用单词和名称的速度通常比你键入的速度还要快。

预测文本、自动更正和自动完成在文字处理程序中越来越准确。

5. 监控社交媒体上的品牌情绪

如前文所述，情感分析是可以将文本中的意见分类为，正面、负面或中性的自动化技术，它通常用于监控社交媒体上的情绪。你可以跟踪和分析客户关于你的品牌、产品、特定功能的评论中的情绪。

想象一下，你刚刚发布了一款新产品，想要检测客户的初始反应。也许客户在网上对你的产品表示不满。通过跟踪情绪分析，你可以立即发现这些负面评论并立即做出回应。

6. 自动化客户服务流程

NLP 的有些应用围绕客户服务自动化展开。这个概念基于人工智能的技术，用以消除或减少客服的常规手动任务，节约座席的宝贵时间，并使流程更高效。

文本分类允许公司根据客户的主题、语言、情绪或紧迫性自动标记收到的工单。然后，基于这些标签，可以立即将工单发送到最适合的客服手上。

7. 聊天机器人

聊天机器人是一种模拟人类对话的计算机程序。聊天机器人使用 NLP 识别句子背后的意图，识别相关主题和关键字，甚至情绪，并根据它们对数据的解释提出最佳响应。

客户渴望快速、个性化和全天候的支持体验，所以聊天机器人已成为客户服务策略必不可少的环节。聊天机器人通过提供即时响应来减少客户等待时间，尤其擅长处理日常查询的服务需求，使座席能够专注于解决更复杂的问题。事实上，聊天机器人可以解决多达 80% 的常规客服问题。

除了提供客服外，聊天机器人还可用于推荐产品、提供折扣和预订座位等许多其他任务。为了做到这一点，大多数聊天机器人遵循一个简单的逻辑，即"如果，那么"（它们被编程为识别意图并将它们与某个动作相关联），或者提供可供选择的选项。

8. 自动摘要

自动摘要包括减少文本并创建包含其最相关信息的简洁新版本。对总结大量非结构化数据（例如学术论文）等工作来说特别有用。

使用 NLP 生成摘要有两种不同的方法：第 1 种是，提取文本中最重要的信息并使用它来创建摘要（基于提取的摘要）；第 2 种是，应用深度学习技术来解释文本并生成原始来源中不存在的句子（基于抽象的摘要）。

自动摘要对于数据输入特别有用，例如，从产品描述中提取相关信息并自动输入到数据库中。

9. 机器翻译

尝试将文本和语音翻译成不同的语言一直是 NLP 领域的主要研究方向之一（见图 3-13）。从 20 世纪 50 年代第一次尝试将文本从俄语翻译成英语，再到最先进的深度学习神经系统，机器翻译（MT）已经取得了显著的进步，但仍然存在挑战。

图 3-13　机器翻译

机器翻译的另一个发展与可定制的机器翻译系统有关。该系统适用于特定领域，机器经过训练以理解与特定领域（例如医学、法律和金融）相关的术语。

机器翻译的最新成果之一是自适应机器翻译，它由可以实时从错误中学习的系统组成。

10. 自然语言生成（NLG）

自然语言生成是 NLP 的一个子领域，旨在构建计算机系统或应用程序，通过使用语义表示作为输入，自动生成各种自然语言文本（见图 3-14）。NLG 目前的主要应用是问答问题和生成文本摘要。

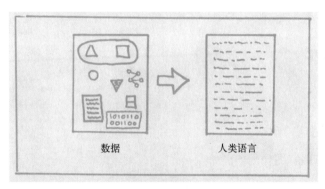

图 3-14　自然语言生成

2019 年，人工智能公司 Open AI 发布了文本生成系统 GPT-2，这代表了人工智能领域取得了突破性的成果，将 NLG 领域推向了一个全新的高度。该系统接受了包含 800 万个网页的海量数据集的训练，能够在最少的提示下生成连贯且高质量的文本（如新闻文章、故事或诗歌）。

当提供的提示中具有较高代表性的流行主题时，该模型表现会更好，而当以高度细分或技术内容提示时，它表现得比较差。

思考：

通过查阅资料，了解自然语言处理的发展现状，思考它是否已进入瓶颈期。

【巩固与练习】

一、填空题

1. 计算机视觉算法基于（　　　　　　）。

2. 语音识别可分为三个阶段：（　　　　　）、（　　　　　）、（　　　　　）。

3. 语音合成的三个阶段是：（　　　　　）、（　　　　　）、（　　　　　）。

4. 自然语言处理通过分析（　　　　　）、（　　　　　）、（　　　　　）的不同方面来理解人类语言的结构和含义。

二、简答题

1. 什么是对象分类？

2. 什么是对象识别？

3. 什么是对象跟踪？

4. 计算机是如何理解图像的？

5. 虚拟助手是如何基于我们提出的要求给出回应的？

6. 什么是自然语言处理？

7. 自然语言处理的工作原理是什么?

8. 自然语言处理的常见应用有哪些?

【学·做·思】

人工智能、感知智能、API 体验。

感 知 智 能	体 验 内 容	列举 API 体验感受
视觉智能	人脸识别 图像识别 虚拟技术	
听觉智能	语音识别 （科大讯飞语音识别 API） 语音合成 （导航中明星语音合成技术）	
认知智能	文本识别（扫描识别 API） 自然语言理解（翻译软件 API、 语音机器人等）	

思考总结:

行业应用篇

第4章 智能制造

【学习目标】
1. 掌握智能制造相关技术组成及应用场景
2. 了解智能制造工业机器人相关应用
3. 了解无人工厂智能制造相关应用

【教学要求】
知识点：智能制造、工业机器人、智能工厂

能力点：工业机器人结构与组装、智能工厂特征与框架

重难点：切实感受人工智能技术给制造行业带来的技术革新，从而思考人工智能技术与现代制造业的结合和应用创新

【思维导图】

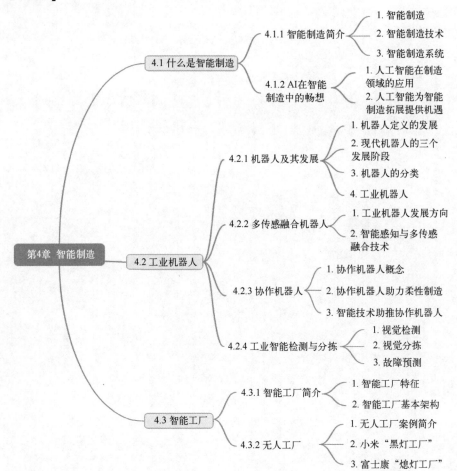

4.1 什么是智能制造

4.1.1 智能制造简介

无论是德国工业 4.0，美国"工业互联网"、日本精益制造，还是中国制造 2025，大家都会关注到"智慧工厂""智能机器""大数据与工业互联网""信息融合生产系统"等领域。在人工智能的助力下，制造自动化的概念进一步更新，扩展到信息化、柔性化、智能化和高度集成化发展。

智能制造（Intelligent Manufacturing, IM）是指具有信息自感知、自决策、自执行等功能的先进制造过程、系统与模式的总称。具体体现在制造过程的各个环节与新一代信息技术的深度融合，如物联网、大数据、云计算、人工智能等。智能制造具有四大特征：①以智能工厂为载体。②以关键制造环节的智能化为核心。③以端到端数据流为基础。④以网通互联为支撑。其主要内容包括智能产品、智能生产、智能工厂、智能物流等（见图 4-1）。目前，急需建立智能制造标准体系，大力推广数字化制造，开发核心工业软件。传统数字化制造、网络化制造、敏捷制造等制造方式的应用与实践，对智能制造的发展具有重要支撑作用。

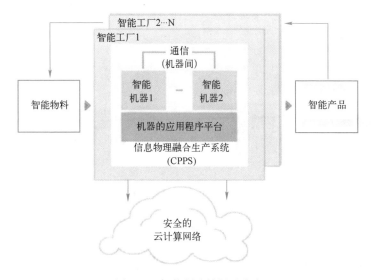

图 4-1　智能制造特征及内容

智能制造包含智能制造技术和智能制造系统。

智能制造技术（Intelligent Manufacturing Technology——IMT）是指利用计算机模拟制造专家的分析、判断、推理、构思和决策等智能活动，并将这些智能活动与智能机器有机融合起来，将其贯穿应用于整个制造企业的各个子系统（如经营决策、采购、产品设计、生产计划、制造、装配、质量保证和市场销售等），以实现整个制造企业经营运作的高度柔性和集成化，取代或延伸制造环境中，专家的部分脑力劳动，并对制造业专家的信息进行收集、存储、完善、共享、继承和发展，从而极大地提高生产效率的先进制造技术。智能制造的关键技术参见图 4-2。

（1）硬件平台技术
■数字控制技术
■机器人技术
■数字化传感器及测量技术
■计算机及网络硬件技术
（2）软件平台及共性技术
■系统软件技术（操作系统、网络、数据库）
■专家系统与神经网络技术
■大数据处理分析技术
■软件设计技术

（3）其他智能制造技术的分类方法
■工业物联网技术
■云计算技术
■计算机仿真技术
■增强现实技术
■增材制造技术
■网络安全技术
■智能产品技术　■智能管理
■智能服务技术　■智能研发
■智能装备技术　■智能物流与供应链
■智能产线技术　■智能决策
■智能车间技术
■智能工厂技术

图 4-2　智能制造关键技术

智能制造系统（Intelligent Manufacturing System——IMS）是一种由智能机器和人类专家共同组成的人机一体化系统，它突出了在制造的诸多环节中，以一种高度柔性、高集成的方式，借助计算机模拟人类专家的智能活动，进行分析、判断、推理、构思和决策，取代或延伸制造环境中人类的部分脑力劳动，同时，收集、存储、完善、共享、继承和发展人类专家知识库系统。智能制造系统运行逻辑参见图 4-3。由于这种制造模式，突出了知识在制造活动中的价值和地位，而知识经济又是继工业经济后的主体经济形式，所以智能制造就成为影响未来制造业发展的重要生产模式。智能制造系统框架参见图 4-4。

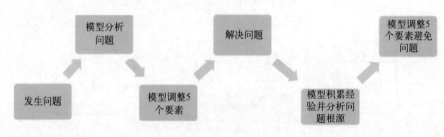

图 4-3　智能制造系统运行逻辑

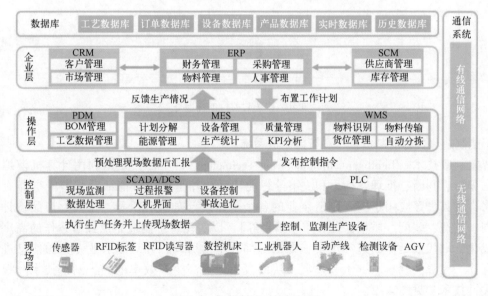

图 4-4　智能制造系统框架图

4.1.2　AI 在智能制造中的畅想

1. 人工智能在制造领域的应用

"人工智能+制造"是将人工智能技术应用到制造业，在自动化、数字化、网络化的基础上，实现智能化。其核心在于，机器和系统实现自适应、自感知、自决策、自学习，以及能够自动反馈与调整。人工智能、工业互联网等相关技术的融合应用能逐步实现对制造业各流程环节效率的优化。其主要路径是由工业物联网采集各种生产、物流等数据，并将其放到云计算资源中，通过深度学习算法处理后，提供流程、工艺等方面的优化建议，甚至实现自主优化，以及在未来能够实现人类与智能机器融合的协同制造。

人工智能在制造领域的应用（见图 4-5）主要有以下三个方面。

1）智能装备：指具有感知、分析、推理、决策、控制功能的制造装备，它是先进制造技术、信息技术和智能技术的集成和深度融合。包括自动化成套生产线、智能控制系统、自动识别设备、精密智能仪器仪表、工业机器人、高效智能化机械等。

2）智能工厂：集智能手段和智能系统等新兴技术于一体，利用物联网技术和监控技术加强信息管理和服务，提高生产过程的可控性、减少生产线人工干预，以及合理计划排程。智能工厂由网络空间的虚拟数字工厂和物理系统中的物理工厂组成，包括智能决策与管理系统、企业虚拟制造平台、智能制造车间等。

3）智能服务：智能服务实现的是一种按需和主动的智能，即通过捕捉用户的原始信息，通过后台积累的数据，构建需求结构模型，进行数据挖掘和商业智能分析，主动给用户提供精准、高效的服务。虽然目前人工智能的解决方案尚不能完全满足制造业的要求，但作为一项通用性技术，人工智能与制造业的融合是大势所趋。

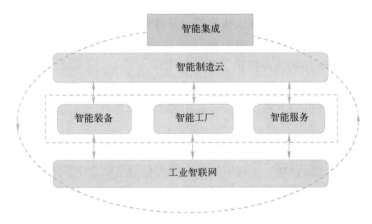

图 4-5　人工智能在制造领域的应用示意图

2. 人工智能为智能制造拓展提供机遇

近年来全球人工智能应用不断拓展，人工智能领域的资金投入迅速增长，人工智能的数据、算力和算法都取得了很大的进步，技术可行性越来越高。大数据相关技术在数据输入、储存、清洗、整合等方面做出了贡献，提升了人工智能深度学习等算法的性能。云计算的大规模并行和分布式计算能力带来了低成本、高效率的计算力。人工智能技术在智能制造中的作用见图 4-6。

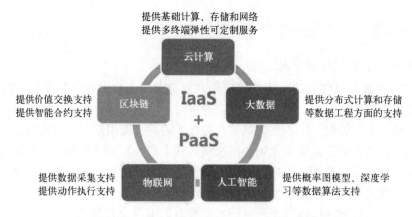

图 4-6　人工智能技术在智能制造中的作用

（1）物联网为智能制造业提供重要基础设施

在 5G 等无线互联技术的支持下，数据的传输与处理速度进一步提升。同时，传感器、无线传感网络等技术的发展，能帮助"人工智能+制造"系统收集大量的制造流程、物流等数据，高质量的海量数据对人工智能数据训练至关重要。总体而言，上述技术的发展使得人工智能赖以学习的标记数据的获得成本不断下降。

（2）大数据为智能制造提供智能信息服务

在互联网时代，制造企业运用网络化、自动化等技术推动制造业管理信息化，将制造业的研发，设计加工及销售等环节结合起来，形成了信息化的制造业管理系统，极大地提高了制造企业的生产效率。制造企业在生产运营、市场营销及原料采购等活动中，往往会产生海量数据信息，这些数据具有种类繁多，数量庞大，更新速度快等特点，且其中蕴藏了许多有价值的信息。运用大数据技术可以更好地发掘这些数据，并将它们存储于企业数据库中，继而在云计算平台上对数据进行分析，挖掘有价值的信息。

（3）云计算为智能制造的应用提供了条件

算力增长也为"人工智能+制造"的应用提供了条件。在过去 10 年间，芯片处理能力提升、云服务普及以及硬件价格下降，使云计算的能力大幅提升。这都为"人工智能+制造"的实施提供了现实条件。

（4）区块链为智能制造的数据共享提供保障

区块链作为数据集成黏合剂，实现了供应链数据信息在各方之间的共享，同时对敏感信息进行保密。它提供了供应链条上下游企业的信息流、物流和资金流无缝整合的机会，有效地破除了供应链各环节的数据壁垒，对建立统一的供应链大数据起到了关键作用。区块链智能合约核心技术优化了制造业务运营效率；区块链的全记录追溯、不可篡改等特点，在产品追溯的应用中也很有优势；区块链技术可促进制造企业的智能资产化。

综上所述，人工智能与智能装备的落地将解放大量重复、单调的人类劳动。工业互联网日益成熟，机器之间、工厂之间得以智能化互联互通，区块链技术的加入更使得制造业的"全自动运行"成为可能，"人工智能+机器人+区块链"模式的应用值得期待。而伴随制造业与服务业的深度融合，标准化生产与个性化定制并存，智能制造将为人们构筑更美好的生活。相信在数字化、网络化、智能化的相互递进与配合下，企业转型智能工厂、跨企业价值链延伸、全行业生态构建与优化配置将有望实现，制造业的深度智能化将不再是梦想。

思考：

通过查询资料，了解数字孪生技术，并简述，数字孪生技术如何驱动智能制造进一步发展。

_____

_____

_____

_____

4.2　工业机器人

4.2.1　机器人及其发展

提到机器人，大家可能就会想到电影、电视、科学幻想小说或者玩具中的机器人。它们都是有鼻子、眼睛、手、脚，类似于人类的一种机器。事实上，仿人形机器人只是机器人的一种。如果你走进现代化自动工厂，会发现机器人的外形可是五花八门的。它们不像各种作品中描绘的那样精致与完美，它们看起来只是机器。特别是工业机器人，大多就是一个机械手臂。但是，它们都可以被称之为机器人，因为它们完全符合机器人的定义。

机器人概述

1. 机器人定义的发展

机器人问世已有几十年，但至今仍没有一个统一的定义。原因之一是机器人还在发展，另一原因主要是因为"机器人"涉及"人"的概念，以至成为一个难以回答的哲学问题。也许正是由于机器人定义的模糊，才给了人们充分的想象和创造空间。以下是相关组织在机器人发展过程中给予机器人的一些定义。

机器人发展简史 1

机器人发展简史 2

美国机器人协会（RIA）：一种用于移动各种材料、零件、工具或专用装置的，通过程序动作来执行各种任务，并具有编程能力的多功能操作机（Manipulator）。

美国国家标准局：一种能够进行编程并在自动控制下完成某些操作和移动作业任务或动作的机械装置。

1987 年国际标准化组织（ISO）对工业机器人的定义：工业机器人是一种具有自动控制的操作和移动功能，能完成各种作业的可编程操作机。

英国：貌似人的自动机，具有智力并顺从于人的但不具有人格的机器。

日本工业标准局：一种机械装置，在自动控制下，能够完成某些操作或者动作功能。

我国科学家对机器人的定义：机器人是一种自动化的机器，这种机器具备一些与人或生物相似的智能能力，如感知能力、规划能力、动作能力和协同能力，是一种具有高度灵活性的自动化机器。

国际标准化组织（ISO）的最新定义：机器人是一种自动、位置可控、具有编程能力的多功能操作机，这种操作机具有几个轴，能够借助可编程操作来处理各种材料、零件、工具和专用装置，以执行各种任务。

尽管各国定义不同，但基本上指明了作为"机器人"所具有的两个共同点：①是一种自动机械装置，可以在无人参与的情况下，自动完成多种操作或动作功能，即具有通用性。②可以再编程，程序流程可变，即具有柔性（适应性）。

所以，机器人集成了机械工程、材料科学、电子技术、计算机技术、自动控制理论及人工智能等多学科的最新研究成果，代表了机电一体化的最高成就，可以说是当代科学技术发展最活跃的领域之一。

2. 现代机器人的三个发展阶段

（1）第一阶段：第一代机器人——示教再现型工业机器人

机器人只能根据事先编好的程序来工作，这时它好像只有干活儿的手，不懂得如何处理外界的信息。

（2）第二阶段：第二代机器——有感觉的机器人

机器人对外界环境有一定的感知能力，具有视觉、触觉及听觉等功能。例如，根据激光反馈，能够自动跟踪焊缝的弧焊焊接机器人。

（3）第三阶段：第三代机器人——智能机器人

机器人依靠人工智能技术进行规划和控制等，它们根据感知的信息，进行独立思考，识别及推理，并做出判断和决策，不用人的干预自动完成一些复杂的工作任务。

3. 机器人的分类

目前，世界上已经有了上万种机器人。这些形状各异、功能不同、种类众多的机器人，根据分类方法的不同，可以分成不同的类别。

关于机器人如何分类，国际上没有制定统一的标准，有的按发展时代分类，有的按其可替代人的器官类型分类，有的按运动方式分类，有的按其驱动方式分类，有的按应用领域分类……常见的分类方法主要有以下几种。

（1）按照替代人器官类型分类

操作机器人——手，例如机械臂相当于手臂，机械手相当于手掌。

移动机器人——腿，例如有轮式：独轮、两轮、三轮、四轮、六轮等；腿式：两足、多足；履带式等。

视觉机器人——眼，例如视觉机器人可用于产品检测、物体识别、人脸检测与识别等各个方面。

听觉机器人——耳，例如用于语音信息采集与识别等。

（2）按照机器人智能水平分类（见表4-1）

表4-1 按照机器人智能水平分类

分类名称		简要说明
	人工操作装置	有几个自由度，有操作员操纵，能实现若干预定的功能
	固定顺序机器人	按预定不变的顺序及条件，依次控制机器人的机械动作
第一代机器人	可变顺序机器人	按预定的顺序及条件，依次控制机器人的机械动作。但顺序和条件可作适当改变
	示教再现型机器人	通过手动或其他方式，先引导机器人动作，记录下工作程序，机器人将自动重复进行作业
	数控型机器人	不必使机器人动作，通过数值、语言等为机器人提供运动程序，能进行可编程伺服控制
第二代机器人	感知型机器人	利用传感器获取的信息控制机器人的动作。机器人对环境有一定的适应性，如捡蛋机器人
第三代机器人	智能机器人	机器人具有感知和理解外部环境的能力，即使环境发生变化，也能够成功地完成任务，如火星探测车

（3）按照机器人应用的用途分类

可分为工业机器人、服务机器人和特种机器人等。其中特种机器人根据应用领域的不同，又可分为军用机器人、水下机器人、农业机器人、医用机器人等。

4. 工业机器人

工业机器人是面向工业领域的多关节机械手或多自由度的机器装置，它能自动执行工作，是靠自身动力和控制能力来实现各种功能的一种机器。它可以接受人类指挥，也可以按照预先编排的程序运行，现代的工业机器人还可以根据人工智能技术所制定的原则纲领进行行动。

工业机器人广泛应用于制造业，不仅仅应用于汽车制造业，大到航天飞机的生产，军用装备、高铁的开发，小到圆珠笔的生产，都有广泛的应用。并且已经从较为成熟的行业延伸到食品、医疗等领域。由于机器人技术发展迅速，与传统工业设备相比，不仅产品的成本差距越来越小，而且产品的个性化程度也越来越高，因此在一些采用复杂工艺的产品制造过程中，可以让工业机器人替代传统设备，这样就可以在很大程度上提高经济效益。

工业机器人的典型应用包括焊接、刷漆、组装、采集和放置（例如包装、码垛和 SMT）、产品检测和测试等。所有的工作的完成都具有高效性、持久性和准确性。在发达国家中工业机器人自动化生产线成套装备已成为自动化装备的主流及未来的发展方向。在汽车行业、电子电器行业、工程机械等行业已大量使用工业机器人自动化生产线，以保证产品质量和生产效率。目前典型的成套装备有，大型轿车壳体冲压自动化系统技术和成套装备、大型机器人车体焊装自动化系统技术和成套装备、电子电器等机器人柔性自动化系统技术和成套设备。同时，工业机器人能替代越来越昂贵的劳动力，提升工作效率和产品品质。例如，机器人可以承接生产线精密零件的组装任务，更可替代人工，在喷涂、焊接、装配等不良工作环境中工作，并可与数控超高精密机床等工作母机结合，进行模具的加工生产，提高生产效率，替代部分非技术工人。工业机器人在车体焊装中的应用见图 4-7。

图 4-7　工业机器人在车体焊装中的应用

4.2.2　多传感融合机器人

1. 工业机器人发展方向

工业机器人在许多生产领域的应用实践证明，它在提高生产自动化水平、提高劳动生产率、提高产品质量和经济效益、改善工人劳动条件等方面引起了全世界的关注。随着信息技术和人工智能的发展，工业机器人正朝着智能化、模块化和系统化的方向发展，其发展趋势主要是：模块化和结构重构；开放的网络控制技术；伺服驱动技术的数字化和分散化；多传感器融合技术的实际应用；工作环境设计的优化、提高操作的灵活性、系统的网络化和智能化等。

2. 智能感知与多传感融合技术

机器人要想拥有人一样的感官功能，获取周围的环境信息，那么传感器对机器人来说必不可少，传感器是机器人感知外界的重要帮手，传感器技术也从根本上决定着机器人环境感知技术的发展。目前主流的机器人外部传感器包括视觉传感器、听觉传感器、触觉传感器等，而多传感器信息的融合也决定了机器人对环境信息的感知能力。

（1）视觉感知

机器视觉是使机器人具有视觉感知功能的系统，其通过视觉传感器获取图像并分析，让机器人能够代替人眼，实现辨识物体，测量和判断，以及定位等功能。视觉传感器的优点是探测范围广、获取信息丰富，实际应用中常使用多个视觉传感器共同感知，或者与其他传感器配合使用，通过一定的算法可以得到物体的形状、距离、速度等诸多信息。

（2）听觉感知

听觉是人类和机器人识别周围环境很重要的感知能力，尽管听觉定位精度比视觉定位精度低很多，但是听觉有很多其他感官无可比拟的特点。声音传感器的作用相当于一个话筒（麦克风）。它用来接收声波，显示声音的振动图像。声音传感器主要用于感受和解释在气体（非接触感受）、液体或固体（接触感受）中的声波。声音传感器可以检测声波是否存在或分析复杂的声波频率，也可对连续的自然语言中的单独语音和词汇进行辨别。

（3）触觉感知

触觉是机器人获取环境信息的一种仅次于视觉的重要知觉形式，是机器人实现与环境直接作用的必需媒介。触觉的主要任务是，为获取对象与环境信息和为完成某种作业任务，而对机器人与对象、环境相互作用时产生的一系列物理特征量进行检测或感知。机器人触觉广义地说包括接近觉、压觉、力觉、滑觉、冷热觉等与接触有关的感觉，狭义地说是机械手与对象接触面上的力感觉。其中接近觉传感器介于触觉传感器和力觉传感器之间，可以测量距离和方位，而且可以融合视觉和触觉传感器的信息。滑觉传感器主要是用于检测机器人与抓握对象间滑移程度的传感器。力觉传感器是用来检测机器人自身力与外部环境力之间的相互作用力的传感器。速度和加速度感器是测量转速或加速度的传感器。

（4）多传感器信息融合

多传感器信息融合技术与控制理论、信号处理、人工智能、概率和统计相结合，为机器人在各种复杂、动态、不确定和未知的环境中执行任务提供技术解决途径。机器人所用的传感器有很多种，根据不同用途，可将它们分为内部测量传感器和外部测量传感器两大类。内部测量传感器用来检测机器人组成部件的内部状态，包括：特定位置角度传感器；任意位置角度传感器；速度传感器；加速度传感器；倾斜角传感器；方位角传感器等。外部传感器包括：视觉（测量、认识传感器）、触觉（接触、压觉、滑觉传感器）、力觉（力、力矩传感器）、接近觉（接近觉、距离传感器）以及角度传感器（倾斜、方向、姿势传感器）。多传感器信息融合就是指综合来自多个传感器的感知数据，以产生更可靠、更准确或更全面的信息。经过融合的多传感器系统能够更加完善、精确地反映检测对象的特性，消除信息的不确定性，提高信息的可靠性。融合后的多传感器信息具有以下特性：冗余性、互补性、实时性和低成本性。目前，多传感器信息融合方法主要有贝叶斯估计、Dempster-Shafer 理论、卡尔曼滤波、神经网络、小波变换等。机器人结构及多传感器分布见图 4-8。

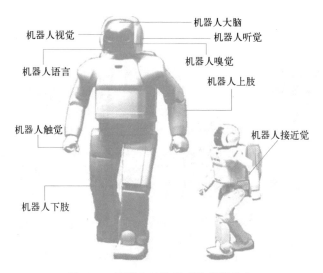

图 4-8　机器人结构及多传感器分布

4.2.3　协作机器人

未来的智能工厂是人与机器和谐共处所缔造的，这就要求机器人能够与人一同协作，并与人类共同完成不同的任务。正因如此，人机协作被看作新型工业机器人的必要属性。所谓的人机协作，即是由机器人从事精度与重复性高的作业流程，而工人在其辅助下进行具有创意性的工作。人机协作，可使企业的生产布线和配置获得更大的弹性空间，也可提高产品的良品率。人机协作的方式可以是人与机器分工，也可以是人与机器一起工作。

1. 协作机器人概念

协作机器人，顾名思义，就是机器人与人可以在生产线上协同作战，充分发挥机器人的效率及人类的智能。这种机器人不仅性价比高，而且安全方便，能够极大地促进制造企业的发展。人和设备、机器在一起工作的人机协作模式，可以提高企业效率、加强质量控制、增强生产的灵活性，可以减少物流线的成本，让制造企业更靠近市场。机器人是智能制造的支撑设备，而人机协作将成为下一代机器人的本质特征。

2. 协作机器人助力柔性制造

随着用户个性化需求的不断增长，多品种、小批量的柔性化生产方式日趋重要。协作机器人轻便灵活，适用于复杂多样的生产环境，并且使用起来简单快捷，在短时间内即可完成一段抓取程序的设置，能够快速调整生产任务，能够在短时间切换到不同生产线的生产流程。基于以上突出特点，协作机器人可提供生产方式更灵活、生产周期更短、量产速度更快的解决方案，顺应了柔性化制造的新趋势。

3. 智能技术助推协作机器人

人工智能、高端传感技术与仿生技术增强了协作机器人的工作灵活性与环境适应性，机器视觉可实现协作机器人对工作空间内物品更智能化的定位，高精度的传感器增强了协作机器人对工作空间的主动感知能力，仿生技术则强化了机械臂抓取端的灵敏性。多种技术的融合应用，有效提高了协作机器人在进行拾取、放置、包装码垛、质量检测等操作时的准确度，可为汽车零部件生产、3C 电子制造、金属机械加工等传统工业制造提供高效解决方案，并可应用于科研实验辅助操作、医院药物分拣与配送、物流货物挑拣等工作环节，从而辅助人类的工作与生活。协作机器人工作场景见图4-9。

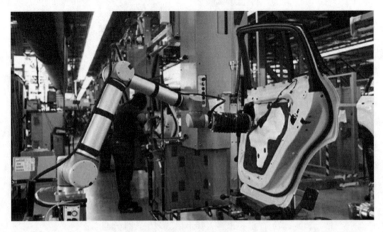

图4-9 协作机器人工作场景

协作机器人在技术的融合应用中不断发展，展现出灵活性与适应性强的特点，实现了人类与机器人真正的协同工作，具有广阔的市场前景。

4.2.4 工业智能检测与分拣

目前人工智能在制造业领域主要有三个方向：视觉检测、视觉分拣和故障预测。

1. 视觉检测

在深度神经网络发展起来之前，机器视觉已经长期应用在工业自动化系统中，如仪表板智能集成测试、金属板表面自动控伤、汽车车身检测、纸币印刷质量检测、金相分析、流水线生产检测等，大体分为拾取和放置、对象跟踪、计量、缺陷检测几种。其中，将近80%的工业视觉系统主要用在检测方面，包括用于提高生产效率、控制生产过程中的产品质量、采集产品数据等。机器视觉自动化设

工业机器视觉系统

机器视觉工业检测及应用

备可以代替人工，不知疲倦地进行重复性的工作，且在一些不适合人工作业的危险工作环境或人工视觉难以满足要求的场合，机器视觉可替代人工视觉。

在人工智能的浪潮下，基于深度神经网络，图像识别准确率有了进一步的提升，也在缺陷检测领域取得了更多的应用。国内不少机器视觉公司和新兴创业公司，也都开始研发人工智能视觉缺陷检测设备，例如高视科技、阿丘科技等。

高视科技，在2015年完成了屏幕模组检测设备的研发，已向众多国内一线屏幕厂商提供50多台各型设备，这些设备可以检测出38个类型、上百种缺陷，且具备智能自学习能力。例如：其公司的高视工业人工智能平台（见图4-10），是为工业自动化应用设计的，基于深度学习的缺陷检测软件系统，通过人工智能（AI）的方法，能够解决对于传统机器视觉系统而言过于困难、繁重或昂贵的复杂应用。

阿丘科技则推出的AIDI（Artificial Intelligent Defect Inspection）是一款基于深度学习的智能工业视觉平台软件，用于解决复杂缺陷的定位、检测、分类等问题，适用于各类复杂应用场景，具有强大的兼容性。同时AIDI又具有强大的自学习能力，伴随着软件的持续运行，缺陷

检出率会不断提升。

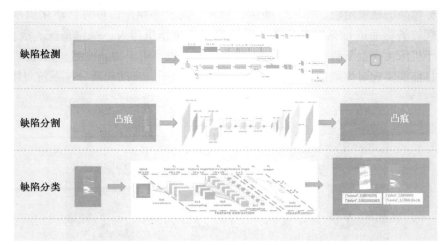

图 4-10　高视科技工业人工智能平台

2. 视觉分拣

工业上有许多分拣作业，采用人工方式，速度缓慢且成本高，如果采用工业机器人，可以大幅降低成本，并提高速度。但是，一般需要分拣的零件是没有整齐摆放的，机器人必须面对一个无序的环境，

工业自动化检测

这需要机器人本体的灵活度、机器视觉、软件系统对现实状况进行实时运算等多方面技术的融合，才能实现灵活的抓取。

近年来，陆续出现了一些基于深度学习和人工智能技术，解决机器人视觉分拣问题的企业，如埃尔森、梅卡曼德、库柏特、埃克里得、阿丘科技等，通过计算机视觉识别出物体及其三维空间位置，指导机械臂进行正确的抓取。

埃尔森智能科技，推出的 3D 定位系统，是国内首家机器人 3D 视觉引导系统，针对散乱、无序堆放的工件，该系统通过 3D 快速成像技术，对物体表面轮廓数据进行扫描，形成点云数据，对点云数据进行智能分析处理，加以人工智能分析、机器人路径自动规划、自动防碰撞技术，计算出当前工件的实时坐标，并发送指令给机器人，实现抓取定位的自动完成。埃尔森目前已成为 KUKA、ABB、FANUC 等国际知名机器人厂商的供应商，也为多个世界 500 强企业提供解决方案。动态高速分拣系统见图 4-11。

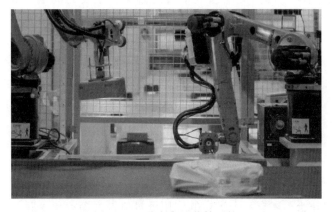

图 4-11　动态高速分拣系统

武汉库柏特科技有限公司推出的，机器人智能无序分拣系统，通过 3D 扫描仪和机器人，实现了对目标物品的视觉定位、抓取、搬运、旋转、摆放等操作，可对自动化流水生产线中，无序或任意摆放的物品进行抓取和分拣。系统集成了协作机器人、视觉系统、吸盘、智能夹爪，可应用于机床无序上下料、激光标刻无序上下料，也可用于物品检测、物品分拣和产品分拣包装等。目前能实现对规则条形工件 100% 的拾取成功率。自动包装分拣系统见图 4-12。

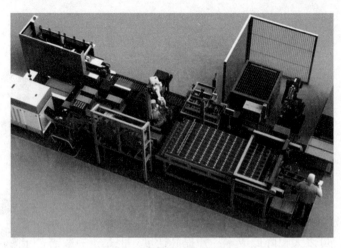

图 4-12　自动包装分拣系统

3. 故障预测

在制造流水线上，有大量的工业机器人。如果其中一个机器人出现了故障，当人感知到这个故障时，可能已经生产出大量的不合格品，从而带来不小的损失。如果能在故障发生之前检测并预知，就可以有效做出预防，减少损失。

基于人工智能和物联网技术，通过在工厂各个设备加装传感器，对设备运行状态进行监测，并利用神经网络建立设备故障的模型，则可以在故障发生前，对故障进行预测，并在发生故障前，将可能发生故障的工件替换，从而保障设备持续无故障地运行。

Uptake 是一个 AI 故障预测平台公司，提供运营洞察的 SaaS 平台，该平台可利用传感器采集前端设备的各项数据，然后利用预测性分析技术以及机器学习技术提供设备预测性诊断、进行车队管理、能效优化建议等管理解决方案，帮助工业客户改善生产力、可靠性以及安全性。玄羽科技公司是国内提供预测平台的公司，主要为高端 CNC 数控机床服务，用机器学习预判何时需要换车床刀具，将产线停工时间从几十分钟缩短至几分钟，已运用于富士康生产线。

不过总体来讲，AI 故障预测还处于试点阶段，成熟运用较少。一方面，大部分传统制造企业的设备，没有足够的数据收集传感器，也没有积累足够的数据，另一方面，很多工业设备对可靠性的要求极高，即便机器预测准确率很高，但如果不能达到百分之百准确，依旧难以被接受。此外，投入产出比不高，也是 AI 故障预测没有投入的一个重要因素，很多 AI 预测功能应用后，如果成功，则仅能降低 5% 的成本，但如果不成功反而可能带来成本的增加，所以不少企业宁愿不用。工程机械故障预测及管理系统见图 4-13。

除了以上三个主要方向，还有自动 NC 编程 AICAM 系统等一些方向。总体而言，AI 在工业领域的应用才刚刚开始，还有不少潜在的应用场景值得去探索和发掘。

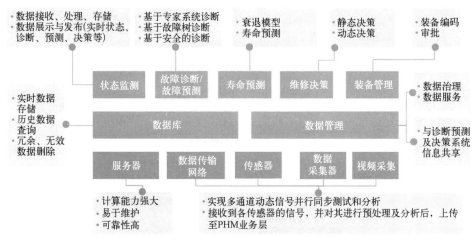

图 4-13　工程机械故障预测及管理系统

思考：

查阅资料，了解国产工业机器人的市场占有率情况。进一步思考，技术强国的使命感、责任感，以及在技术追赶中，应具有的技术储备和精神力量。

4.3　智能工厂

4.3.1　智能工厂简介

智能工厂是指利用物联网、云计算、移动互联、虚拟现实、大数据技术以及专家系统等技术，把企业现场真实环境与虚拟环境紧密融合，实现对经营、生产、操作的全过程、全环节的快速响应与精准干预，优化资源配置，实现高效协同。

智能工厂是现代工厂信息化发展的新阶段。是在数字化工厂的基础上，利用物联网的技术和设备监控技术来加强信息管理和服务；清楚掌握产销流程、提高生产过程的可控性、即时正确地采集生产线数据，以及合理地编排生产计划与生产进度。

1. 智能工厂特征（见图 4-14）

2. 智能工厂基本架构

1）基础设施层：企业首先应当建立有线或者无线的工厂网络，实现生产指令的自动下达和设备与产线信息的自动采集；形成集成化的车间联网环境，解决拥有不同通信协议的设备之间，以及 PLC、CNC、机器人、仪表、传感器和工控、IT 系统之间的联网问题等。

2）智能装备层：主要包含智能生产设备、智能检测设备和智能物流设备。

3）智能产线层：在生产和装配的过程中，能够通过传感器、数控系统或 RFID 自动进行生产、质量、能耗、设备绩效（OEE）等数据的采集，实现自动化、智能化。

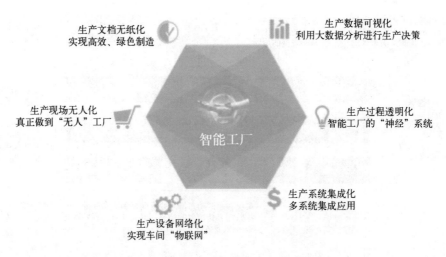

图 4-14　智能工厂特征

4）智能车间层：在设备联网的基础上，实现生产过程的追溯，减少在制品库存，应用人机界面（HMI），以及工业平板等移动终端，实现生产过程的无纸化。

5）工厂管控层：实现对生产过程的监控，通过生产指挥系统，实时洞察工厂的运营，实现多个车间之间的协作和资源的调度。

4.3.2　无人工厂

无人工厂，实质上是工业制造智能化、高端化的一个缩影。当前，以机器人、人工智能为代表的新技术与制造业加速融合，促进了智能制造的发展。对于传统制造业而言，"无人化"将大大降低成本，效率也将大幅提高。

无人工厂又叫自动化工厂、全自动化工厂，是指全部生产活动由电子计算机进行控制，生产第一线配有机器人而无需配备工人的工厂。从规模上来说，无人工厂其实更多的是一个企业的无人生产车间，属于智能工厂架构中的智能产线层。

1. 无人工厂案例简介

1）上汽通用金桥工厂车间内实现了"100%焊接自动化"，这里有 300 多台机器人，即使从全球来看，拥有这一规模的工厂也不超过 5 家。这里号称"中国最先进的制造业工厂""中国智造的典范"。偌大的车间内，真正领工资的工人只有十多位。他们管理着 386 台机器人，每天与机器人合作生产近 80 台凯迪拉克汽车。

2）阿里巴巴菜鸟无人仓。菜鸟研发了柔性自动化仓储系统，利用 AI 技术，让大量机器人在仓内协同作业，组合成易部署、易扩展、高效的全链路仓储自动化解决方案。无人仓的背后是菜鸟 5 年来在柔性自动化领域的不断探索和思考，未来的物流将通过包括 AI 在内的技术创新，打造全面智慧化、自动化的物流体系，从而更加快速高效地满足用户需求。

3）京东"亚洲一号"无人仓。京东初期有 27 个不同层级的无人仓，使京东的日订单处理能力同比增幅达 1415%。目前京东共有 50 个不同层级的无人仓投入使用，分布在北京、上海、武汉、深圳、广州等全国多地，而上海的"亚洲一号"已经成为京东物流在华东区业务发展的中流砥柱。无论是订单处理能力，还是自动化设备的综合匹配能力，"亚洲一号"无人仓都处于行业领先水平。

4) 美的自动化空调生产线。2012 年以来，美的累计投入使用 800 多台机器人，其自动化生产线改造费用超过 6 亿元，实现了自动化生产战略转型，而美的中央空调，拥有核心零部件全自动组装生产线，生产效率提升 70%，生产线人数下降 50%，人机比达到 4% 以上，产品合格率达到 99.9%，达到空调行业的领先水平。其拥有媲美宝马、奔驰等豪华汽车品牌的自动化生产线，引领了工业 4.0 时代。

5) 华为荣耀东莞南方工厂。华为荣耀东莞南方工厂的生产线包括美国原装进口的超精准 MPM 双轨印刷机，世界领先的 Camelot dispensing 点胶机，全自动化手臂控制的整机测试、全自动无人驾驶运货车，以及正在研制的由六台全自动化机械手组成的流线体设备。全球领先的生产工艺及手机品控标准，淋漓尽致地展现在这里。

6) 正大食品无人水饺工厂。几千平方米的厂房里，干净整洁，机器 24 小时不休息的工作，可是看不到一个员工。从和面、放馅，再到捏水饺，所有工序流程由一条完全干净整洁的流水线完成。以前，整个工厂需要 200 个工人，现在生产相同的产品，用工量却在 20 人以下，这意味着"无人工厂"可节省 90% 的人工。

7) 埃夫特（埃夫特智能装备股份有限公司）北汽南非工厂。在全新的北汽南非工厂，埃夫特打造的焊接工艺生产线，包括主焊线（包括下部总焊接、骨架车身焊接）、分拼二级总成焊接、四门二盖安装调整等，整条生产线的自动化率超过 87%，是埃夫特出口焊接生产线中使用埃夫特机器人最多的生产线。

8) 小米"黑灯工厂"（见图 4-15）小米"黑灯工厂"，可实现生产管理过程、机械加工过程和包装储运过程的全程自动化无人黑灯生产。简单地说，在小米智能工厂，即使灯光熄灭、生产车间内空无一人，但所有的生产都可以由智能机器人有序运行。这看起来似乎很科幻，是只有在电影里才有的场面，但现在被小米实现了。小米智能工厂内部，由小米自己研发的全智能机器把控，采用微米级除尘科技。小米智能工厂打造的首款产品，是小米 10 至尊纪念版透明版，这个版本全部由小米智能工厂生产。产能方面，小米智能工厂也相当给力，其内部采用全自动生产线，不用开灯，无人干预，一年就能产出百万台手机。

图 4-15　小米黑灯工厂

9) 富士康"熄灯工厂"（见图 4-16）位于深圳富士康龙华科技园的"数控机床精密加工智造"熄灯工厂，主要进行手机金属壳的加工工作。这座"不开灯"的工厂可实现从自动上料、零件加工、智能补正、自动检测到智慧物流的完整生产流程，并能实现"刀具的全生命周期管理"。"熄灯工厂"指生产线均由机器人自主操作、可实现关灯状态下的全自动化作业。

工作中的 AGV 小车上搭载着 5G 路由器。

图 4-16　富士康"熄灯工厂"内景

富士康深圳工厂导入 108 台自动化设备，全部实现联网。表面贴装环节导入设备 9 台，节省人力 50 人，节省比例为 96%；装配环节导入设备 21 台，节省人力 74 人，节省比例 79%；测试环节导入设备 78 台，节省人力 156 人，节省比例为 88%。整个项目完成后，节省人力 280 人，节省比例为 92%，效益提升 2.5 倍。

思考：

浅谈机器人代替工人的现象，如何正确看待这个问题，以及对未来就业和岗位的思考。

_____

_____

_____

【前沿概览——未来智能制造前沿趋势】

1. 虚拟现实促使人机交互"黑科技"全面爆发

为实现将用户置身于一个包括视觉、听觉、触感和嗅觉全体感的"以假乱真"的虚拟环境中，VR 需要更加丰富的人机交互形式。由于语言与视觉是人类沟通时的基本需求，所以语音识别技术和眼球追踪技术将成为下一阶段人机交互技术发展的热点，情感合成技术、跨语言交流技术等已经崭露头角。动作捕捉、触觉反馈、方向追踪、手势跟踪等一系列更加自然化的人机交互技术也将呈现革命性的突破，同时如何组合不同的交互技术，从而带来沉浸式的 VR 体验也是各企业追逐的焦点。

2. 云制造将引领智能制造投资新热潮

云制造是一种基于泛在网络、以人为中心的智能制造新模式，是量化深度融合和产业链资源优化配置的重要途径。未来，云制造将获得更多的投资关注。一方面，云制造已经渗透到产业链的各个环节，包括云端 3D 打印、供应链融资、基于工业云的大数据研发等，在航空航天、汽车工业、工程机械、石油化工、电子电气等众多行业均有广泛的应用。另一方面，云制造也在重塑产业生态，例如，在数控机床领域，已经出现了以数控机床生产力和云平台为主要商业模式的新型互联网制造形态；在汽车工业领域，也有企业开始尝试打造汽车全产业链生态圈，以形成资本、资源、研发、生产、销售、充电、售后等全方位的云平台制造模式。

3. 数字孪生率先推进汽车工业进入虚拟制造

数字孪生是以数字化方式为物理对象创建虚拟模型，模拟其在现实环境中的行为特征，实现产品在全生命周期内的生产、管理、连接的高度数字化及模块化。智能工厂是数字孪生的核心载体，其设备和系统的智能化、集成化程度是数字孪生得以发挥作用的关键因素。汽车工业在智能工厂、数字化车间、自动化生产线建设方面具备良好的基础，汽车制造是工业机器人最大的应用领域，并在 PLM、MES 等应用方面成熟度高，能较好地进行系统集成。数字孪生将率先在汽车领域推广应用，形成集设计与仿真、制造执行（MES）与质量追溯、数据采集与分析为一体的，新一代智能工厂。

🔍【巩固与练习】

一、判断题

1. 机器人是一种自动、位置可控、具有编程能力的多功能机械手。（　　　）
2. 工业机器人的特点是：可编程、拟人化、自动化、机电一体化。（　　　）
3. 视觉系统是自主机器人的重要组成部分，一般由摄像机、图像采集卡和计算机组成。（　　　）
4. 机器人视觉系统的工作包括图像的获取、图像的处理和分析、输出和显示，核心任务是特征提取、图像分割和图像辨识等。（　　　）
5. 智能机器人人机接口技术涉及其他感知智能，有智能语音识别、自然语言处理等。（　　　）

二、选择题

1. 机器人按照技术水平分类，第一代工业机器人称为（　　　）。
A. 示教再现型机器人　　　　B. 感知机器人　　　　C. 智能机器人　　　　D. 情感机器人
2. 机器人按照技术水平分类，第二代工业机器人称为（　　　）。
A. 示教再现型机器人　　　　B. 感知机器人　　　　C. 智能机器人　　　　D. 情感机器人
3. 机器人按照技术水平分类，第三代工业机器人称为（　　　）。
A. 示教再现型机器人　　　　B. 感知机器人　　　　C. 智能机器人　　　　D. 情感机器人
4. 智能机器人的基本目标，（　　　）是属于机器人的软件部分。
A. 识别环境　　　　　　　　B. 自主学习　　　　C. 超快大脑　　　　D. 多功能本体
5. 多传感器信息融合主要为了解决（　　　）。
A. 机器人控制　　　　　　　　　　　　B. 机器人信息处理
C. 机器人决策　　　　　　　　　　　　D. 机器人在未知环境中的不确定性

三、简答题

1. 什么是智能制造、智能制造技术和智能制造系统？

2. 机器人按自动化角度，可分为哪几类？

3. 智能工厂的特征有哪些？

4. 谈谈对未来制造业的畅想。

【学·做·思】

1. 自主学习《机器人发展分析报告》，梳理各种机器人的产业现状与发展前景。

种　　类	产业发展现状	发 展 前 景
工业机器人		
服务机器人		
特种机器人		
……		

思考总结：

2. 比较传统制造与智能制造的不同。

	传 统 制 造	智 能 制 造
生产面向		
技术层面		
服务层面		
应用层面		

梳理、分析智能工厂的关键技术：

第 5 章　智慧商业

◎【学习目标】
1. 掌握智慧商业的概念和应用场景
2. 了解无人零售智能柜和无人零售便利店
3. 理解智慧物流的应用和发展概况

【教学要求】

知识点：智慧商业、无人零售、智慧物流和仓储

能力点：智慧商业的应用场景、无人零售智能柜的特征与结构、智慧物流应用的架构

重难点：切实感受人工智能技术给营销环节带来的技术革新，思考大数据时代的市场营销策略

【思维导图】

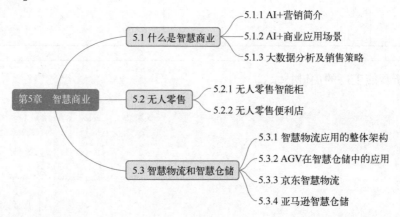

5.1　什么是智慧商业

　　智慧商业为借助互联网、AI新技术、大数据等新手段感知消费习惯，预测消费趋势，为消费者提供多样化、个性化的产品和服务，实现门店数字化与智能化。以实体门店、电子商务、移动互联网为核心，连接顾客、商品、营销、服务、供应链、通路、物流、管理和各种工具，构建更加丰富多样的消费场景。

　　智慧商业的本质是数字化，以消费形态和技术的迭代同频共振，从而形成新模式和新场景，沉淀为以用户为中心的数据资产，并通过不间断的迭代和持续的算法优化达到目的。从传统商业到新零售，再到如今的智慧商业，人工智能技术的变革发挥了巨大的推动力。场景的构建、供应链的优化，以用户为中心的数字经济，再到线下场景的数字化建设，我们有理由相信，在未来，人工智能赋能智慧商业，一定能引领时代的新浪潮。

5.1.1　AI+营销简介

相比营销理念的变化，技术的升级突破更加直接地推动了营销的发展，不断为营销实践创造更多的可能性。整体来看，营销技术发展大致可以分为四个阶段，如图 5-1 所示，它们分别是基于大众媒体技术的传统营销、互联网技术+营销、大数据技术+营销、AI 技术+营销，各个阶段相互叠加影响，进而使得每个阶段的营销重心都在升级。其中传统营销阶段更加关注对大范围消费者的触达，而互联网+营销阶段则会考虑在触达的基础上进行交互和沟通，在大数据+营销阶段则开始注重营销的精准度和个性化，AI+营销阶段，则开始全面优化各个环节的效率。随着 AI 技术在营销中的应用不断深化，除了提高产业效率外，在触达、交互和精准上也会提供更加优质的解决方案，未来，AI 技术将对营销持续产生影响甚至使其变革。

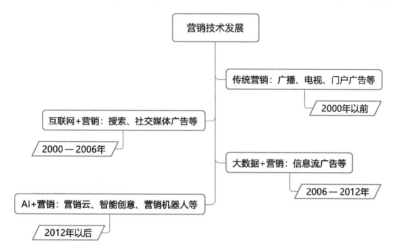

图 5-1　营销技术发展史

AI+营销的本质是在人工智能的基础上，通过机器学习、自然语言处理及知识图谱等相关技术，对用户洞察、内容创作、创意投放、效果监测以及行为预测等营销上的关键环节进行赋能，如图 5-2 所示，通过优化投放策略、增强投放针对性，挖掘更多的创新营销模式。其核心为帮助营销行业节约成本、提高效率、挖掘更多营销渠道。

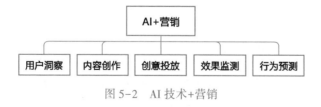

图 5-2　AI 技术+营销

1. 用户洞察——多方数据库全面涵盖，个性标签组精准定位目标用户

在各类营销活动中，定位目标用户是一切活动的前提。通过对用户进行分析，可以准确地判断用户是否是本次营销活动的目标受众者。在传统营销中，因为人力有限以及营销人员具有的主观性等因素，导致无法对用户特征进行详尽的判断，同时对于数据的处理能力亦远逊于机器。而 AI 通过自身强大的处理能力可以对多方汇集的大量数据进行快速的分类处理，迅速建立用户样本库，更好地定位目标用户群。同时在用户时间碎片化、行为多元化的背景下，AI 通过深度学习可对自身进行迭代和进化，并可以追踪用户行为和习惯，与之保持同步变化，有效地降低投放成本，提升营销效果。

2. 内容创作——结合用户标签，输出个性化内容

在传统营销中，大量的营销创意和素材均通过人工思考制作，因此制作周期较长，同时由于生产力的局限性，稀少的创意数量无法满足不同用户的兴趣。通过 AI 对已有的大量素材进行整合和分析，可以在短时间内，迅速根据活动内容生成大量不同形式、不同内容的营销创意，大大缩短了创意的生成时间，也提高了用户兴趣，增加了用户点击率和转化率。

3. 创意投放——精确识别用户感兴趣渠道，提高用户触达

随着互联网的发展和移动设备的不断普及，越来越多的用户将更多的时间和关注投入到在线社交以及短视频等新型平台上，这也将营销场景拓展至更多新的方向。在旧的营销模式下，广告主们很难量化筛选出适合商品的投放平台和投放方式。而人工智能技术可以在已分类完毕的用户群中准确识别出目标用户，并通过定量分析遴选出这类用户对媒体和场景偏好，从而帮助广告主在投放方式、场景及时间等方面做出最优化的选择，在有效控制成本的同时提升营销效果。

4. 效果监测——有效识别过滤虚假流量，带来更真实的营销结果

AI 不仅可以在投放前和投放中发挥作用，也可以对投放后的效果进行监测以及对分析环节进行优化。如今，广告主对于投放出去的营销活动的结果愈发重视，对于一个透明、真实的结果的渴望也越来越强。而 AI 技术凭借自身庞大的数据库，可以准确识别出投放效果中的作弊行为，同时多方面对用户后续行为进行跟踪分析，以判断是否存在人为的"刷效果"行为，并对上述两类虚假流量进行反制，打破产业链各角色间在营销效果上的信息壁垒，为广告主们有效节约投放成本，并提升品牌宣传力度和安全性。

5. 行为预测——提前预测用户未来需求，全方位满足用户需要

通过分析用户特征和行为，确定用户兴趣，并进行有针对性的营销活动，无疑会有效提高营销效果。然而许多用户的需求会随着时间的推移而转变，因此更多的广告主希望更准确地发现在未来一段时间内会对自身产品有需求的潜在客户。在过去的营销活动中，商家很难获取客户的（尤其是在不同领域中的）消费行为，更难以从中发现规律。而基于 AI 的数据存储以及对用户的洞察，商家可以对相似用户的消费行为进行对比，获得不同时期，客户对于不同需求的意愿（无论是同行业或是跨行业的），并以此为依据制定有针对性的营销手段，从而提前占据市场有利位置。

5.1.2 AI+商业的应用场景

1. 零售和电商——融合进零售、电商的经营管理环节，提升获客效率

AI 可应用于零售和电商，见表 5-1。随着经济的快速发展和居民收入的不断增加，我国社会消费品零售总额与网络销售呈现整体上升趋势。互联网巨头依靠流量红利，布局建设电商平台，经历了前期快速发展阶段后，如今面临着获客成本增加、同质化竞争加剧以及新零售形式的挤压等问题。通过引进人工智能技术，一方面可以根据用户的购买特征行为数据，提供个性化、精准的商品推送，另一方面优化营销推广渠道，实现高效、低成本的客流获取，结合人工智能实时定价策略进行销售优化；传统的线下零售巨头受限于成本及渠道把控，对客户需求不能有效洞察，目前，它们也在积极推进智能升级，线下商家利用人脸识别技术，可以识别门店客流、记录会员消费信息，并提供大数据经营分析，打通线上线下一体的零售网络。"AI+

商业"将推动建立智慧、便捷的新零售生态，从而进一步释放消费能力。

表 5-1　AI 应用于零售和电商

线上电商营销管理	线下零售门店经营优化
根据用户购买特征行为数据，提供个性化的精准商品推送 千人千面地优化营销推广渠道，实现高效、低成本获取客流 针对消费者价格敏感度变化，形成差异定价、动态定价等	计算机视觉技术根据货架缺货状态实时发出补货提醒，实现仓库与货架商品数量的平衡 通过加持人脸识别技术的智能摄像头，动态监控线下客流，评估预测最受欢迎的货品类型及品牌

当电商与扶贫有机结合，可将日益主流化的电子商务纳入扶贫开发工作体系，作用于帮扶对象，创新扶贫开发方式，改进扶贫开发绩效的理念与实践。电商扶贫集产、供、销、购等资源要素于一体，动员社会力量参与脱贫攻坚战，助推了中国农村地区全面发展。商务部数据显示，2019 年全国贫困县的网络零售额达 2392 亿元，带动贫困地区 500 万农民就业增收。

2. 广告营销——机器学习分析供给需求两侧行为数据

在广告营销领域，借助人工智能引擎和机器学习算法对提供的创意进行训练，洞察不同创意的受众特点，对潜在购买需求进行挖掘，对不同的需求数据进行智能匹配与精准推送，以提升交易成功率。通过应用人工智能等技术，广告主的利润比原来普遍提升了 3~6 倍。典型应用形式如下。

（1）AI+搜索广告：提高生成效率，过滤不良内容

作为传统的线上广告形式之一，搜索广告至今仍在线上广告市场中占有较大份额。随着各种新形式广告的不断涌现以及自身弊端的逐渐放大，搜索广告亟待革新，而 AI 技术的引入，大幅提高了搜索广告的自身质量。AI 可以准确识别用户搜索的相关信息，并在内容库中选择合适的素材，在短时间内生成相关广告并推送。同时 AI 还可以对原生搜索广告进行高效的审核，确保内容的真实性和合法性，对营销效果进行双重保障。

（2）AI+信息流广告：精确制导直达目标用户

信息流广告作为移动广告的主要形式之一，相比较弹窗广告和视频贴片广告而言，表现形式更自然，让用户更易接受。而信息流广告的关键点之一，便是准确识别用户需求。结合了 AI 技术的信息流广告可以根据用户近期行为准确定位用户偏好，推送最恰当的内容给用户。同时 AI 还可以拓宽营销角度，将"对的信息"展示给"对的人"。对于广告主而言，AI 可以将以往的投放案例与此次创意内容和预期效果进行结合分析，定制最优的计价组合，并实现各阶段计价方式的智能转换，从而有效降低投放成本。

（3）AI+互动广告：告别单向传输，采用双向互动提升用户兴趣

近年来，场景化和互动化逐渐成为数字广告新的发展方向，AI 的加入让原本单方面静态的广告成为一种生动鲜活、双向沟通的互动场景，让用户从传统广告传播中被动接收方转变为主动交流方，同时，广告内容也更加个性化、多元化。与传统广告不同，智能互动广告可以根据用户所提供的不同反馈，如上传的自拍、回复的语音或手势等，来识别、分析用户标签和偏好，并推送不同的内容，做到精准投放，千人千面。基于此，智能互动广告可以有效提高用户对于营销内容的接收意愿，提升营销效果。

3. 物流管理——重塑物流行业资源规划系统，加速柔性供应链管理的实现

传统物流行业重度依赖人工为主的资源规划，服务种类单一且网络化水平较低，时间大多耗费在仓储环节，导致成本高且效率低下。得益于海量实时数据，人工智能技术可以较好地与

传统物流行业结合，助力实现数字化转型。如表 5-2 所示，在网络预测、风险控制及路径规划等后台业务方面，深度学习算法可以对策略进行动态规划，根据输入变量的变化情况做出相应调整并预测推断。在仓储分拣等前台环节，计算机视觉、机器学习等技术可以帮助物流企业自动识别、筛查货物分类及状态，实现便捷管理库存、自动补货等应用。

表 5-2　物流管理行业的 AI 应用场景

物流网络预测管理	风险控制预测	智能路径规划	分类与库存优化
通过深度学习算法建模，对区域内物流网点、线路运力、人力投入进行规划预测 动态识别天气、运营条件、运输状态等变量变化情况，分析调整物流策略	针对自然灾害、突发性事件等不可抗因素与材料短缺、运力不足等常规性风险进行识别规划 通过自然语言处理技术检测分析供应链相关数据与供应商对话内容，为采购经理提供实时的风险预警信息	利用数字卫星、高清地图、交通流量检测等数据作为路径规划输入的初始变量 通过算法进行最优路径规划，动态调整运输线路与流程	计算机视觉、机器学习技术可以有效进行货物分类、检测物流商品损坏类型及程度，便捷管理库存、对易损物品进行预包装、基于缺货和货物堆积带来的成本情况设计补货方案

4. 客户服务——解决传统客服行业核心痛点，提升前端后台服务效率

客户服务作为各类商业场景搭建实现过程的重要环节，实施于企业的市场营销、销售、服务与技术支持等与客户有关的领域。传统客服存在人员培训成本高、质量效果把控难度大、系统功能少、稳定性差等共性问题，一定程度上制约了企业的经营效益改善与利润提升。智能客服系统可根据行业知识搭建专业知识库，通过构建开放式问答及交互对话技能，对客户提出的咨询问题可以快速匹配答案。此外，智能客户服务的后台管理系统可有效代替人工抽检，解决覆盖率低、验收标准存在差异、非实时响应等问题。目前，金融、电商、教育等领域的企业用户，对智能客服系统接受度较高，标准化产品体系建设较为成熟。

例如，在电商领域，智能客服系统可 24 小时不间断服务，利用自然语言处理、知识图谱、语音合成等技术快速匹配问题答案并自动播放，减少人工的重复劳动；针对不同消费者建立用户画像及偏好设定，对商品服务内容进行智能分发，辅助客服人员精准营销。

5.1.3　大数据分析及销售策略

1. 大数据对营销的影响

在数字时代，人们的生活方式和思考方式已经发生了变化。同样，人们的消费观念也发生了变化。它赋予消费者更广阔的视野，同时也提高了消费者的自主意识。互联网的普及使得很多信息公开化，消费者不仅了解产品的具体信息，还能搜索出使用评论。在这种情况下，如果企业和厂商对消费者发生的变化置之不理，还是采用"炮轰式"的传播和灌输，将失去大量的关注人群。

同时，当前移动互联网、云计算、物联网等新一代信息技术的应用使企业信息化，乃至社会信息化空前发展，设备、移动终端设备加入网络，使蕴藏着巨大社会价值和商业价值的各种数据，如统计数据、交易数据等正在持续不断地从各行业迅速产生。大数据已经成为政府及企业决策、社会治理、医疗保健、商业营销、产品研发等领域不可或缺的重要信息基础。尤其在营销管理及创新领域，大数据帮助企业精准地挖掘顾客需求，极大提升了营销效能。可以说，大数据的使用贯穿在整个营销过程的始末，对于营销的效果起着至关重要的作用。

1）产品定位：通过获取数据并加以分析来充分了解市场信息，掌握商品的商情、动态和产品在竞争群中所处的市场地位。

2）市场评估：区域人口、消费者水平、消费者习惯和爱好、产品的认知程度、市场的供求状况。

3）用户画像：通过积累和挖掘行业用户档案数据、分析消费者行为和价值取向，便于更好地为用户服务和发展忠诚度。

4）预测和优化：通过市场需求预测来制定和更新产品服务功能价格，对不同的细分市场的政策优化，最大化细分市场的利益。

2. 海量数据引发的企业市场营销变革

企业若要生存和发展，需要深刻洞察和理解用户需求，而要达到深刻理解就离不开对海量用户进行数据的发掘与行为分析。企业市场营销是一个管理决策过程，通过市场调查、细分、定位等建立营销战略组合；通过产品、价格、分销、促销的互相结合，形成企业的战术组合；采用有效措施确保营销计划的执行。而上述活动都建立在对市场信息的获取、处理、分析与应用的基础上。海量数据时代，使得企业进行市场营销所依赖的市场信息在数据量、数据结构和数据模态上发生了根本性的变化，如何降低营销成本，提升营销效果，就需要企业进行针对性地精确营销，大数据营销不失为一种好的选择。

海量数据对企业市场营销的影响主要体现在以下几个方面。

（1）市场信息的获取

大数据不仅数据量大、数据类复杂而且多模态。这导致企业对市场信息很难准确定位和获取。

（2）数据存储

对海量数据进行存储成为企业面临的难题，是基于自身购置的硬件设备开发软件来支持还是借助外力，这就涉及数据的安全性问题。另一方面，长期以来由于企业内部职能分工、组织架构等原因，导致存在数据孤岛，这导致数据不够全面、精确、营销策略定制失败。

（3）数据处理和分析

及时准确地从海量数据中提取信息和知识，为企业提供营销策略支持，是企业各个部门对营销信息系统的要求，这就需要对海量数据进行处理和分析。数据仓库、数据挖掘技术等成为当前的热门技术。而当前对海量数据的处理大多利用机器集群和并行化技术，并出现了高性能计算、网络计算、云计算等方法，这些方法对企业信息和数据的安全性提出了严峻的挑战，同时，这对企业信息系统的软件提出了更高的要求。此外。企业也可以利用这些数据进行实验，提高产品研发的成功率，如一些基于互联网的企业已经开始利用海量数据进行实验，以确定哪些因素可以提高销售量和用户的参与度。如何对海量数据的挖掘和分析，成为一个永无止境的话题。

3. 大数据时代市场营销策略新探索

（1）利用大数据改进企业广告投放策略

当前，越来越多的企业在大数据思维指导下进行广告投放，广告能通过对人群的定向，投放给准确的目标顾客，特别是互联网广告现在能够做到，根据不同的人发布最适合他的广告，同时谁看了广告，看了多少次广告，都可以通过数据化的形式来查看、监测，以使得企业更好地评测广告效果，从而也使得企业的广告投放策略更加有效。

（2）基于大数据的精准推广策略

没有目标消费者的精准定位，盲目推广，是很多企业开展营销推广没有效果或者效果甚微的主要原因。大数据时代一个重要的特点是，能够实时、全面地收集与分析消费者的相关信息数据，从而根据其不同的偏好、兴趣以及购买习惯等特征有针对性、准确地向他们推销最适合他们的产品或服务。另一方面，可以通过适时、动态地更新，以丰富消费者的数据信息，并利用数据挖掘等技术及早预测消费者下一步或更深层次的需求，进而进一步加大推广力度，最终达到极大增加企业利润的目标。

（3）规模个性化产品策略的实施

传统市场营销产品策略主要是，同样包装、同等质量的产品，卖给所有的该企业的客户，或同一个品牌，若干不同包装、不同质量层次的产品卖给若干相对大群的客户，这使得很多企业越来越多的产品失去对消费者的吸引力，越来越不能满足消费者的个性化需求。近年来，随着科技和互联网的发展，社会的生产制造向生产"智造"转变，同时大数据通过相关性分析，将客户和产品进行有机串联，对用户的产品偏好，客户的关系偏好进行个性化定位，进而反馈给企业的品牌、产品研发部门，并推出与消费者个性相匹配的产品。

（4）大数据使得营销渠道效能的潜力得以充分挖掘

以前的市场营销的渠道大多采取代理制，或者是购销制。企业与代理商或经销商之间存在一种利益博弈关系，相互之间的信息往往是不共享的，也经常会发生利益冲突。在大数据环境下，企业只有与各方合作者一起建立起大数据营销系统平台，才能集中体现大数据、物联网、云计算、移动电子商务的优势，从而不断拓展企业营销渠道的外延与内涵。通过营销渠道，各方协调一致增强消费者对产品品牌、服务的良好体验，进而引发顾客更加强烈的购买欲望，促进客户与企业品牌的亲和度，提升企业的利润空间。

（5）利用企业大数据集成系统制定科学的价格体系策略

现在，很多企业都构建了基于大数据技术的营销平台，实现了对海量、不同类型的数据的收集，并跨越多种不同的系统。比如，不同的渠道平台（网络销售平台，以及实体批发、零售平台），不同的客户需求，不同的细分市场，以及不同的但可以区隔的市场区域。这样就可以帮助企业迅速搜集消费者的海量行为数据，分析洞察和预测消费者的偏好，及消费者价格接受度，分析各种渠道形式的测试销售数据，以及消费者对企业所规划的各种产品组合的价格段的反应。使之能够利用大数据技术了解客户行为和反馈，深刻理解客户的需求、关注客户行为，进而高效分析信息并做出预测，不断调整产品的功能方向，验证产品的商业价值，制定科学的价格策略。

总之，企业能够利用海量数据，得到以前没有得到的智慧策略，能够在海量数据中想出更新、更好的方法，并获得意想不到的收益。

思考：

计算机获取数据、再对数据进行加工和处理的速度远远超出我们的想象。每一天，我们都要产生数据，创造大数据，运用大数据。大数据时代，给我们的生活和学习带来怎样的变化？

_____

_____

_____

_____

5.2 无人零售

无人零售主要是指没有售货员、收银员的零售场所，用户通过自助服务购买产品。无人零售，有可能会成为零售行业中重要的组成部分，并改变人们的生活。未来的零售行业必然是既拥有完善的大型的供应链，又具有小而美、网点广泛的小零售网格的模式，而小的网格需要大量的值守人员，会极大地增长零售网点的资金投入，这也使得智能无人零售模式有了较好的发展机遇。

5.2.1 无人零售智能柜

目前，无人零售智能柜已成为适合新零售市场发展的科技产品。最初的自助售货机只卖饮品，其产品结构单一，功能属性单一。经过数十年的发展，现在已经升级为无人零售智能柜，这一类型的自助售货机不仅规模更大，商品品类更加丰富，而移动支付、物联网、语音识别、AI 人脸识别等最新技术的应用，使无人零售智能柜可以获取用户及产品数据，并实现精准营销。无人零售智能柜俨然成为未来至关重要的大数据入口，可以预计，未来无人零售智能柜将拥有更好的发展前景。

无人零售智能柜中，目前有四种技术方案用以实现对顾客拿走的商品的判断。

1. 射频识别

射频识别（Radio Frequency Identification，RFID）技术，即每个 RFID 标签都是独一无二的，通过 RFID 标签与产品的一一对应关系，可以清楚地跟踪每一件产品的后续流通情况。如图 5-3，在售货柜的每层托盘内装一个天线（根据柜体结构情况，可每层装一个读卡设备），读卡设备实时盘点产品标签，盘点统计数量，实时监测标签状态，并与网关进行数据交互处理，实现无人售货。

因信号干扰问题，RFID 不适用于金属包装和液体商品；其次，RFID 技术成本较高。

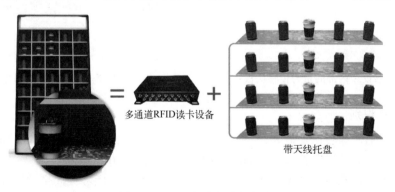

多通道RFID读卡设备

带天线托盘

图 5-3　RFID 智能柜内部框架

2. 重力传感器

重力感应解决方案是在每个货道上均装有重力感应器，通过感知货道上的重力变化来判断消费者实际拿取的商品。图 5-4 为智能柜内部的重力传感层板。重力传感器可自动称重售卖散装生鲜产品，适用于社区生鲜零售场景；支持多种品类 SKU（Stock Keeping Unit，库存进出计量单位）售卖，商品可堆叠摆放，充分利用空间。

根据重力识别原理的要求，所有商品都必须被放在计划好的原始位置才能保证识别正确，但消费者行为完全无法限制，一旦拿取后又放回在了非原始位置，识别正确的概率将大大降低；同时，主流售卖的产品中，重量相似的非常多，仅凭重力判断无法区分。因此，重力传感器货柜必须结合其他方案一同参与识别。

3. 静态识别

静态视觉识别技术的原理，其实是图片对比技术；通过拍摄拿货前和拿货后的两张照片，对比得出缺少的商品，来判断顾客拿走的商品是什么。

静态视觉识别对于商品的陈列摆放有极高的要求；同时不支持对顶部相同外观的产品的识别，比如，可乐和雪碧，顶部看起来都一样，一旦发生倾倒，换位置等导致有遮挡的情况，就无法识别。静态识别摄像头需要距离下层隔板有一定高度，如图 5-5，否则难以拍到商品全貌，因此柜子的利用空间会大大降低，基本上会浪费 50% 的容积；冰柜可展示的种类少，且增加后期运营补货成本，需要更频繁地补货来保证商品充足。静态视觉识别对货柜内部的光源有要求，太亮或者太暗都不行，太亮的环境会导致拍摄出来的照片一片死白，无法识别出商品。运营端需对实时更新的商品图片内容进行采集标注。静态视觉识别涉及人工智能算法模型搭建，需要对商品进行学习，便于商品上新。

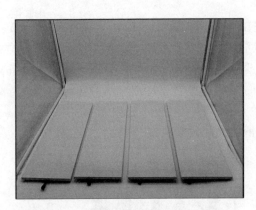

图 5-4　智能柜内部的重力传感层板

图 5-5　静态识别摄像头

4. 动态视觉识别

动态视觉识别跟静态识别最大的不同是，并不是对柜内商品的图像比对，而是对购买商品的轨迹跟踪，识别的是消费者取出商品的购物行为，如图 5-6 所示。

动态视觉对柜内商品陈列无任何要求，商品可堆叠摆放，能够提高空间利用率，适用于仓储运营场景；商品的摆放成本比较低，支持多品类 SKU 售卖。与静态识别相比，动态图像识别智能柜补货效率高，日均销量也相对高一些。但动态视觉识别需要采集的数据更多，对于点位的网络状态有着极高的要求。

总之，RFID 成本高，无法用于液体和金属包装饮料；重力感应需结合其他手段综合运营；静态识别货损率高、货柜利用率低且提升了运营成本；动态视觉识别是相对来说比较符合智能货柜设计的。可以说，新技术驱动了无人零售的发展，但也提升了无人零售行业的准入门槛与商家精细化运营服务水平。

图 5-6 动态视觉识别柜购物场景

5.2.2 无人零售便利店

作为一种民生基础设施，实体零售是重要的存在形态，便利店的演变也折射出了技术带给线下零售由浅入深的改造，尽管增长空间广阔，但由于便利店的利润率偏低，人力成本也直接关系到一家便利店的生死存亡。无人便利店无疑能减少人力成本的开支，然而，由于盗损率、品类丰富程度、顾客体验等经营问题，无人零售便利店也面临诸多挑战。由于每家便利店会安装传感器，这意味着消费者在线下门店的每一个行为数据都是可识别和记录的，像电子商务那样，有了足够多的数据和分析系统，门店运营者在进货、理货、制定营销计划等环节中就不必再"拍脑袋"做决策。

无人零售便利店的购物流程如图 5-7 所示。

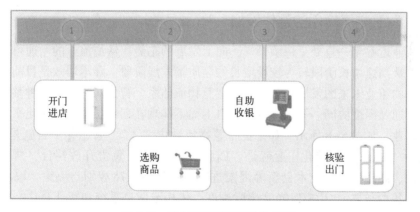

图 5-7 无人零售便利店购物流程

1）开门进店：目前无人超市大多需要一定的操作流程才能进店，比如下载 App（Application，手机应用程序）、关注公众号，辅以扫码、刷脸、按掌纹或虹膜感应等方式，方可开门进店。

2）选购商品：客户进入商店后，在店内可以自由挑选产品。

3）自助收银：客户把已经选好的商品，放入自助结账台，结账台的感应区会通过商品 RFID 标签对价格进行统计，随后生成相应的价格二维码，客户扫二维码付款。

4）核验出门：客户完成购物后通过一个核验区，确认已付款后，系统把信号发送给门禁，门禁收到指示后开门。

思考：

随着人工智能在线下零售中的应用，无人零售的发展，也改变了零售管理人员的结构，请谈一下无人零售将对零售管理岗位、职业产生哪些变化？

_____

_____

_____

_____

5.3 智慧物流和智慧仓储

物流业是支撑国民经济和社会发展的基础性、战略性产业。随着新技术、新模式、新业态不断地涌现，物流业与互联网深度融合，智慧物流逐步成为推进物流业发展的新动力、新路径，也为经济结构优化升级和提质增效注入了强大动力。智慧物流是通过大数据、云计算、智能硬件等智慧化技术与手段，提高物流系统思维、感知、学习、分析、决策和智能执行的能力，提升整个物流系统的智能化、自动化水平，从而推动我国物流的发展，降低社会物流成本、提高效率。智慧物流具有两大特点。

1）互联互通，数据驱动：所有物流要素互联互通，并且数字化，以"数据"驱动一切洞察、决策、行动。

2）深度协同，高效执行：跨集团、跨企业、跨组织，实现深度协同，基于全局优化的智能算法，调度整个物流系统中各参与方，以实现高效分工协作。

5.3.1 智慧物流应用的整体架构

我国物流业近些年一直处于持续景气、向上发展的态势，从物流业的增速可以看出，我国物流行业已经从高速增长阶段转为较慢增长的高质量发展阶段。降本增效是目前物流行业的重要发展目标，物流业未来的发展趋势是建设智慧物流体系。智慧物流则是一种整体模式，强调系统的互联互通及深度协同。智慧物流应用自上而下体现在三个层面：智慧化平台、数字化运营、智能化作业。如图5-8所示，如果把智慧物流看作"人"，智慧化平台就是"大脑"，数字化运营就是"中枢"，智能化作业就是"四肢"。"大脑"负责开放整合、共享协同，通过综合市场关系、商业模式、技术创新等因素进行全局性的战略规划与决策，输出行业解决方案，统筹协同各参与方；"中枢"负责串联调度，依托云信息系统和智能算法，连接、调度各参与方进行分工协作；"四肢"负责作业执行，依托互联互通、自主控制的智能设施设备，实现物流作业的高效率、低成本。

1. 智慧化平台

随着商品交易品类越来越多，物流交付时效要求越来越高，物流服务范围越来越广，物流网络布局及供应链上下游的协同面临巨大挑战。这迫切需要依托智慧化的平台，通过数据驱动网络的智慧布局，实现上下游的协同和共赢。

（1）数据驱动，智慧布局

网络布局是一个多目标决策问题，需要统筹兼顾覆盖范围、库存成本、运营成本、交付时效等指标。未来将具备采用大数据及模拟仿真等技术来研究确定如何实现最优的仓储、运输、配送网络布局的能力，基于历史运营数据及预测数据的建模分析、求解与仿真运行，更加科学、合理地确定每类商品的库存部署，以及每个分拣中心、配送站的选址和产能大小等一系列相关联的问题。以配送网络中的智能建站为例，通过构建综合评价模型、成本最优模型、站点数量最少模型等多维度模型，基于订单量、路区坐标等参数以及转站时间、配送半径等约束条件，采用遗传算法等智能算法进行求解，得出最优的站点数量、每个站点的坐标、平均派送半径等规划决策。

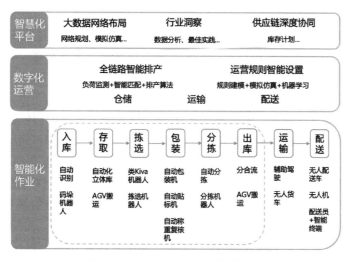

图 5-8　智慧物流应用的整体架构

（2）开放协同，增值共赢

智慧物流的目标之一是降本增效，而当前物流行业各方的协同成本仍然过高。未来将统一行业标准、共享基础数据，基于大数据分析洞察各行业、各环节的物流运行规律，形成最佳实践，明确各参与方在智慧物流体系中最适合承担的角色。在此基础上，上下游各方在销售计划、预测等层面进行信息共享，以指导生产、物流等各环节的运营，实现供应链的深度协同。

2. 数字化运营

物流需求正在变得更加多样化、个性化，未来将通过数字化技术，在横向的仓储、运输、配送等业务全流程和纵向的决策、计划、执行、监控、反馈的运营全过程中，根据实时需求进行动态化的决策，根据具有自学习、自适应能力的运营规则进行自主管理，并在信息系统中落地实现。

（1）动态决策，自主管理

1）全链路智能排产。未来的排产将是全链路的仓、运、配等各环节联动的，是动态最优的。基于运营计划、客户需求、负荷监测、资源能力等构建产能模型，通过排产算法进行求解，动态识别瓶颈环节，智能计算并更新各环节产能阈值，动态编排各环节生产节拍，从而实现各环节的平稳生产，通过设置适度积压的安全缓冲，减轻峰值、低谷的压力，节省成本。以订单生产及装车顺序智能编排为例：基于实时定位的应用，根据车辆信息以及实际订单的地址及投递时效信息，智能设置动态的接单时间，编排订单生产顺序和集单拣货顺序，并按包裹投递顺序倒排装车顺序。

2）运营规则智能设置。物流需求将会越来越场景化、精细化，为满足各类需求，要逐项提炼运营规则，对物流时效、运费、最后一公里等业务的条件和触发操作进行建模，通过模拟仿真进行验证后，配置在规则引擎中，以驱动各类业务按规则运营。未来将会通过机器学习，使规则引擎具备自学习、自适应的能力，能够在感知业务条件后进行自主决策。以电商 B2C（Business to Customer，商对客）物流运营规则为例：网络购物具有高峰（例如 618、双 11 大促）、常态两种场景，由于订单规模的巨大差距，对应的订单生产方式、交付时效、运费、异常订单处理等的规则差异很大，未来的规则引擎，将能自动感知时间、商品品类等条件，自主为每类订单设置最优的运营规则。

（2）软化灵动，智能调度

未来的仓储、运输、配送等各环节的运营，将依托 SaaS（Software as a Service，软件即服务）化的信息系统，通过组件化的业务应用和智能算法服务，实现动态、实时的调度。

1）仓储。基于仓库、商品、订单、波次等基础数据，未来将会实现入库、存取、拣选、包装、出库和盘点环节中各项作业的智能调度。以智能耗材推荐为例：为了更充分地利用包装箱内的空间，在商品按订单打包环节，通过测算百万 SKU 商品的体积数据和包装箱尺寸，利用深度学习算法技术，由系统智能地计算并推荐耗材和打包顺序，从而合理安排箱型和商品摆放方案。

2）运输及配送。基于车辆、分拣、配送站、波次等基础数据，未来将会实现运输、分拣、派送环节中各项作业的智能调度。以智能路由推荐和动态分拣为例：在运输环节，根据商品件型、货物重量和体积、商家地址以及目的地址等信息，由系统利用历史数据及智能算法，匹配出相应规格的上门接货车辆，并生成运输路由。并且，能根据实际情况，实时动态调整路由，当到达中转站出现延误时，系统自动推荐新的后续路线。在配送环节，根据各分拣中心的产能和负荷情况，系统动态调整分拣中心覆盖的路区，使各分拣中心负荷更加均衡，避免出现忙闲不均的情况，影响部分订单的配送时效。

3. 智能化作业

智能化作业的核心是依托一系列互联互通、自主控制的智能设施设备，在仓储管理系统等业务运作系统的智能调度下，实现仓储、运输、配送环节各项作业的智能化执行。在满足客户需求的前提下，实现物流作业的高效率、低成本。由于商品属性差异很大，物流企业要结合自身的实际情况，选择最适合的智能化作业实现方式。

（1）实时互动，自主控制

仓储作业已经在自动化层面发展多年，未来要提高智能化水平，则需根据商品的件型、重量、销量、交付时效等属性，设计不同的作业流程，并采用相匹配的物流智能化系统进行实现。未来的智能化仓库中，机器人、AGV（Automated Guided Vehicle，自动导引车）等设备是互联互通的，并具有自主控制、自我学习和适应新规则的能力以及更高的柔性度和稳定性。以存取和拣选环节为例：基于多层穿梭车技术的"货到人"的拣选已经实现，未来将会应用拣选效率更高的"货到机器人"拣选方式，以及"取货+拣选一体化"的机器人拣选方式。

（2）实时定位，动态交付

运输、分拣和派送环节的辅助驾驶、编队运输、自动化机器人分拣、智能终端已经实现应用。随着购物场景的碎片化以及交付地点的动态化，未来在实现无人化作业的同时，会实现基于实时定位的应用，在消费者日常的某个动态节点实现交付，与消费者的工作和生活完美融合。以移动配送为例：消费者在家中下单后，在其出行的路上，系统实时获取消费者的地理位置，并在一个合适的地点由无人配送车或移动自提柜，将包裹交付给消费者。

5.3.2　AGV 在智慧仓储中的应用

仓储管理在物流管理中占据着核心地位，传统的仓储管理中，数据采集靠手工录入或条码扫描，工作效率较低。同时存在库内货位划分不清晰，堆放混乱不利收敛；实物盘点技术落后，导致常常账实不符；人为因素影响大，差错率高，容易增加额外成本；缺乏流程跟踪，责任难以界定等诸多问题。通过智慧物流，加大装备技术升级力度，提升自动化水平，实现机器替代人的战略，有效解决仓储物流管理的现存痛点。其中，仓储 AGV 小车是智慧物流仓库中必不可少的工具，如图 5-9 所示，其应用价值主要包括以下几点：

图 5-9　仓储 AGV 小车

1. 自动作业、自动优化路线

传统的物流分拣都是靠人工完成的，不仅效率低，且工作量大，需要员工加班加点，并且容易出错，这样就很容易影响企业的形象和信誉，而有了 AGV 小车之后，只需要将货物放到 AGV 上，就能自动优化路线，将货物自动搬运到目的地。

2. 安全快速、自动诊断

AGV 小车工作的速度比较快，远超人工，且因为是人工智能产品，拥有一定的自我诊断功能，因此，在作业中也能自动分析、自动诊断，一旦出现问题，可以及时解决。

3. 可以接收命令

与普通的搬运设备不同的是，AGV 小车能够接收来自远程的指示，只要有网络、无线或者是红外线就能完成指示的任务，非常方便。

4. 实现精细化、柔性化、信息化物流管理

AGV 小车能够与现代物流技术配合使用，且能实现点对点的自动存取功能，在搬运、作业过程中，能够保证精细化作业、柔性化合作、信息化处理，从而让物流管理更加智能化。

5.3.3　京东智慧物流

京东物流具备数字化、广泛性和灵活性的特点，服务范围覆盖了中国几乎所有地区、城镇和人口，不仅建立了中国电商与消费者之间的信赖关系，还通过"211 限时送达"等时效产品和上门服务，重新定义了物流服务标准。如图 5-10 所示，京东物流的服务产品主

京东智能物流之仓储

要包括仓配服务、快递快运服务、大件服务、冷链服务、跨境服务等，其一体化业务模式能够一站式满足所有客户供应链需求，帮助客户优化存货管理、减少运营成本、高效地重新分配内部资源，使客户专注其核心业务。2020 年，京东物流为超过 19 万家企业客户提供服务，针对快消、服装、家电、家居、3C、汽车、生鲜等多个行业的差异化需求，形成了一体化供应链解决方案。是全球唯一拥有六大物流网络的智能供应链企业。

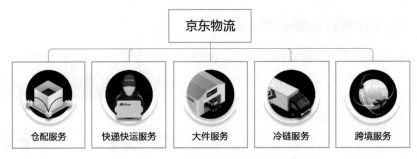

图 5-10 京东物流服务网络

京东智慧物流基于 5G、人工智能、大数据、云计算及物联网等底层技术，正在持续提升自身在自动化、数字化及智能决策方面的能力，不仅通过自动搬运机器人、分拣机器人、智能快递车等，在仓储、运输、分拣及配送等环节大大提升效率，还自主研发了仓储、运输及订单管理等系统，支持客户供应链的全面数字化，通过专有算法，在销售预测、商品配送规划及供应链网络优化等领域实现决策。凭借这些专有技术，京东物流已经构建了一套全面的智慧物流系统，实现了服务自动化、运营数字化及决策智能化。截至 2020 年，京东物流在全国共运营了 28 座"亚洲一号"大型智能仓库。京东物流已经拥有及正在申请的技术专利和计算机软件版权超过 4400 项，其中与自动化和无人技术相关的专利超过 2500 项。

京东物流构建了协同共生的供应链网络，中国及全球各行业合作伙伴参与其中。2017年，京东物流创新推出云仓模式，将自身的管理系统、规划能力、运营标准、行业经验等用于第三方仓库，通过优化本地仓库资源，有效增加闲置仓库的利用率，让中小物流企业也能充分利用京东物流的技术、标准和品牌，提升自身的服务能力。目前，京东云仓生态平台下运营的云仓数量已超过 1400 个。图 5-11 为京东智慧物流货物分拣场景。通过与国际及当地合作伙伴的合作，截至 2020 年底，京东物流已建立了覆盖超过 220 个国家及地区的国际线路，拥有 32 个保税仓库及海外仓库，同时正在打造"双 48 小时"时效服务，确保 48 小时内可以从中国运送至目的地国家，在之后的 48 小时内，可以将商品配送至当地消费者手中。

图 5-11 京东智慧物流货物分拣场景

5.3.4　亚马逊智慧仓储

2012 年，亚马逊开始布局智慧仓储，基于对包裹状态的实时监控，实施独特的仓储策略，包括智能入库、智能存储、智能拣货与订单处理、预测式调拨、精准库存、全程可视等，如图 5-12 所示。

图 5-12　亚马逊智慧仓储策略

亚马逊仓储的主要特点如下。

1. 智能入库

入库收货是亚马逊大数据采集的第一步，为之后的存储管理、库存调拨、拣货、包装、发货等每一步操作提供了数据支持。这些数据可在全国范围内共享，系统将基于这些数据在商品上架、存储区域规划、包装推荐等方面提供指引，以此提高整个流程的运营效率和质量。亚马逊采用采购入库监控策略，基于自己过去的经验和所有历史数据的收集，了解什么样的品类容易"坏"，"坏"在哪里，然后给它进行预包装。亚马逊的仪器会对新入库的中小体积商品测量长宽高和体积，根据这些商品信息优化入库。

亚马逊通过作业计划调动 Kiva 机器人，如图 5-13 所示。它可实现"货找人、货位找人"的模式，整个物流中心库区无人化，各个库位在 Kiva 机器人驱动下自动排序到作业岗位。Kiva 系统作业效率要比传统的物流作业提升 2~4 倍，机器人每小时可跑 30 英里（约 48 km），搬运的准确率达到 99.99%。

图 5-13　亚马逊 Kiva 机器人

2. 智能存储

亚马逊采用了"随机存储"的方式，打破了商品品类之间的界限，按照一定的规则和尺寸，将不同品类的商品随机存放到同一个货位上，不仅提高了货物上架的效率，还最大限度地利用存储空间。此外，在亚马逊运营中心，货架的设计会根据商品品类的不同而有所不同，所有存储货位的设计都是基于后台数据系统的收集和分析得来的。比如，系统会基于大数据的信息，将爆款商品存储在距离发货区比较近的地方，从而减少员工的负重行走路程。

3. 智能拣货

在亚马逊的运营中心，员工拣货路径会通过后台大数据的分析进行优化，系统会为其推荐下一个要拣的货在哪儿，确保员工永远不走回头路，而且其所走的路径是最少的。

亚马逊大量采用"八爪鱼"技术，如图 5-14 所示，一个员工站在分拣线的末端就可以高效地将所有包裹通过八爪鱼工作台分配到各个路由上面。

图 5-14 亚马逊"八爪鱼"式发货拣货技术

4. 预测式调拨

亚马逊智能物流系统的先进性还体现在，当消费者产生购买行为后，后台系统会记录客户的浏览历史，提前对库存进行优化配置，将顾客感兴趣的商品提前调拨到离消费者最近的运营中心，即"客未下单，货已在途"，这便是亚马逊智能分仓的魅力。

5. 精准库存

亚马逊高效物流系统会通过自动持续校准来提升速度和精确度，通过实现连续动态盘点，让企业客户实时了解库存状态。系统具有全年 365 天、每天 24 小时连续盘点的能力，这可以降低库存丢失风险，确保库存精准、安全。

6. 全程可视

亚马逊平台可以让消费者、合作商和亚马逊的工作人员全程监控货物、包裹位置和订单状态。每个流程都有数据的支持，并通过系统实现全订单的可视化管理。

5.3.5 亚马逊和京东的发展策略比较

亚马逊推行 FBA（Fulfilment by Amazon，亚马逊物流）服务，由于其在全球铺设的网络过大，目前只能更加专注于末端配送的物流网络建设，没有更多精力布局更为开放的全行业物流生态体系。因此，亚马逊主要采取自建仓储+配送外包的物流模式，把仓储中心打造成了全世界最灵活的商品运输网络，通过强大的智能系统和云技术，将全球所有的仓库联系在一起，以此做到快速响应，并能确保精细化的运营。

相比于亚马逊，京东物流采用仓配模式为核心的一体化供应链的物流模式，目前已独立于京东集团之外，成立了京东物流子集团并单独运营，打造自己更为开放、全行业、完整的物流生态闭环。其物流网络以仓储为中心，多级布仓，通过仓仓转运，最终配送给客户。

思考：

1. 面对大型的促销活动，物流和仓储企业应怎样提高其运营的弹性和效率？

_____

_____

_____

2. 为了克服人手短缺、道路封闭、运送方式复杂（无法送货上门）等棘手问题，应发展哪些新的配送技术？

_____

_____

_____

【前沿概览】

个人数据监管不断趋严，带来新的发展机遇与挑战！

当前，大多商业场景都会产出与个人用户直接相关的核心敏感数据。收集、存储、分析这些数据为智能决策带来价值的同时，也会引发一系列隐私泄露的风险与道德危机的问题。各国已出台了针对个人数据的各类信息保护法规及条例，对技术公司收集使用个人用户的数据信息进行了较为严格的限制，虽然在一定程度上影响了商业智能提供方的数据标注与算法模型训练，但建全相关法律也是势在必行的。2021 年，我国施行《中华人民共和国个人信息保护法》。企业在技术创新的同时，需要形成保护公民个人信息安全的意识。企业对个人信息的使用要求及个人用户的相关权利见表 5-3。通过算法迭代与产品测试流程的创新，从而减少对训练数据的依赖度，达到使用尽可能小的数据样本完成模型训练与测试验证过程的效果。

表 5-3　企业及个人对个人信息的权利和义务

企业使用个人信息应符合下列基本要求	个人用户拥有下列权利
数据使用时，明确数据获取的目的和数据使用的方式及渠道	用户拥有随时访问、修改以及删除个人数据的权利
数据跨境时，明确数据是否会传输并用于海外业务	用户拥有随时撤回授权同意的权利
数据存储时，告知用户数据存储的周期	用户拥有随时投诉的权利

【巩固与练习】

一、填空题

1. 当前营销场景已拓展至在线社交和（　　　　　）等新型平台上。

2. 广告营销时，可借助人工智能和机器学习算法对不同的客户进行智能匹配与（　　　　　）。

3. （　　　　　）可以根据用户上传的自拍、回复的语音或手势等识别、分析用户标签和偏好，并推送不同的内容。

4. 电商领域的智能客服系统可利用（　　　　　　　）、知识图谱、语音合成等技术，快速匹配问题答案并自动播放。

5. 企业需要深刻洞察和理解用户需求，对海量用户进行（　　　　　　　）的发掘与行为分析。

6. 射频识别技术建立了（　　　　　　　）与产品的一一对应关系。

7. 未来的智能化仓库，机器人、（　　　　　　　）等设备具有自主控制、自我学习和适应新规则的能力以及更高的柔性程度和稳定性。

8. AGV 小车能自动（　　　　　　　），将货物自动搬运到目的地。

9. 智慧物流中人工智能可覆盖（　　　　　　　）、运输、配送等业务全流程。

二、简答题

1. 简述 AI+营销的方法和优势。

2. 简述线上电商和线下零售门店如何借助人工智能实现经营优化。

3. 如何利用大数据实现个性化产品的销售策略？

4. 简述无人零售智能柜中，静态和动态视觉识别的特点。

5. 简述无人零售便利店的市场前景并说明理由。

【学·做·思】

1. 以淘宝网为例，观察网站结构并搜索商品，感受商品根据搜索兴趣的智能推送。

商品种类	搜索商品信息记录	推送商品信息记录

思考总结：

2. 下载支付宝和云闪付 App，在两个 App 中进行一系列操作，并填写下表。

问题	支付宝	云闪付
提供了哪些功能		
如何保障用户支付安全，支付体验如何		
提供哪些智慧金融互联网服务		

思考总结：

3. 分别在京东自营店和淘宝网上购买产品，分析京东和第三方物流的服务，并填写下表。

项目	京东	第三方物流
物流时效性		
配送服务准确度和个性化程度		
取货的便捷性		

智慧物流的技术有哪些？在电子商务领域有哪些作用？

4. 组建团队（每组 20 人左右），在抖音平台体验直播带货，并填写下表。

团队成员名单	
主播	
参与人员职责分工	
直播内容介绍（不少于 150 字）	
直播时间	至
进入直播间的人数	
记录观众提出的问题及互动情况	

第 6 章 智慧教育

【学习目标】

1. 掌握智慧教育的相关基础理论知识、智能技术和行业应用场景
2. 理解人工智能技术赋能教育行业的价值和推动行业发展的历程
3. 了解智慧教育行业的未来趋势及丰富的应用案例

【教学要求】

知识点：智慧教育定义及内涵、智慧教育主要智能技术、智慧教育的应用及创新
能力点：智慧教育的系统组成架构及实现方式
重难点：智慧教育的组成架构及智能技术，智慧教育创新应用

【思维导图】

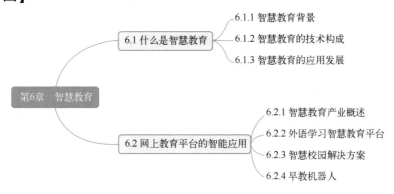

6.1 什么是智慧教育

6.1.1 智慧教育的概念

在 2008 年，智慧地球（Smarter Planet）的概念被时任 IBM 首席执行官的彭明盛（Samuel J. Palmisano）在《智慧地球：下一代领导议程》的报告中提出，进而衍生出智慧城市、智慧交通、智慧医疗等多个类似概念。与此同时，智慧教育的概念应运而生。同时也提出了智慧教育的五大路标，即学习者的技术沉浸，个性化和多元化的学习路径，服务型经济的知识技能，系统、文化与资源的全球整合和 21 世纪经济发展的关键作用。

智慧教育一般是指在教育领域（教育管理、教育教学和教育科研）以现代新兴信息技术为基础，全面深入地运用现代信息技术来促进教育改革与发展的过程；通过构建新型的能适应特定的教与学需求的智慧化和信息化的教育环境，有效地与教学过程相融合，将

智慧教育概述

丰富的教学资源与传统学习环境融于一体，合理高效地实施教学方法、教学策略和组织教学活动的数字化教学形式；通过对教师和学生的教学行为产生的数据进行收集与分析，形成有效的个性化精准教学。其技术特点是数字化、网络化、信息化、智能化和多媒体化，基本特征是开放、共享、交互、协作、泛在。以教育信息化促进教育现代化，用信息技术改变传统模式。图 6-1 为亿欧智库给出的我国智慧教育整体发展历程，可以看出 2020 年是教育信息化走向智慧化的重要时间节点。

图 6-1　智慧教育整体发展历程

　　智慧教育是基于信息技术，融合智慧元素，应用智能化的教育方式。其不断地将物联网，云计算，大数据移动互联网，人工智能，虚拟现实等新一代信息技术手段与教育理念和教育实践相融合，构建网络化、数字化、智能化的学习空间、学习生态以及现代教育模式和系统，旨在促进教育利益相关者的智慧养成与可持续发展，推动教育的创新与改革。可以看出智慧教育是新一代信息技术全面、深入、综合的应用，智慧教育的重点与前提在于智慧学习环境的构建、智能化系统及产品的研发与应用。智慧教育是新一代信息技术与教育理念和实践，不断深度融合的产物，是一个渐变的动态发展过程。智慧教育采用的手段是移动互联网，大数据、云计算和物联网等先进的信息技术，是将先进的信息技术与教育相结合，用"互联网+教育"的形式推动教育的发展和变革。通过信息技术支持的课堂教学活动，使学生在学业上得益，并使信息技术与教学深度融合。

　　而智慧教育环境相对传统教育环境而言，是以教育为本，技术为用，做到智慧地运用技术来发展学生的智慧。实现智慧教育的途径是运用先进的信息技术打造网络化、数字化、智能化的学习空间，包括智慧终端、智慧教育云、智慧教室、智慧校园等，营造一个智慧化的学习环境，受教者可以在智能的学习空间内进行泛在学习，个性学习，入境学习和群智学习。可通过建设相应的教学系统，进行智慧教学、智慧管理、智慧评价、智慧科研和智慧服务。

　　智慧教育研究框架包括基于技术创新应用的智慧环境、基于方法创新的智慧教学法、基于人才观变革的智慧评估三大要素，如图 6-2 所示。这个框架明晰了智慧教育的理论与实践需要综合性的、全局性的变革思考，它既需要智慧环境（或由智慧终端、智慧教室、智慧校园、智慧实验室、创客空间、智慧教育云等构成）的支撑，也需要智慧教学法（如差异化教学、个性化学习、协作学习、群智学习、入境学习、泛在学习等）的保障，以及待智慧评估（采用基于数据的全程化、多元化、多维化、多样化、个性化、可视化的以评促学、以评促发展的评估方式等）的实践，方能培养出善于学习、善于协作、善于沟通、善于研判、善于创造、善于解决复杂问题的智慧型人才。

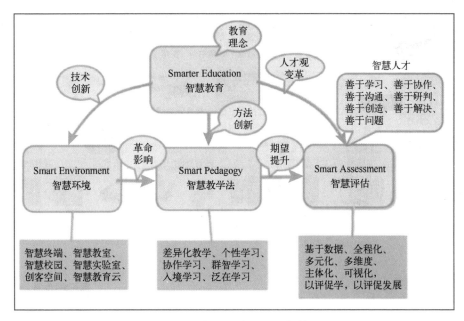

图 6-2　智慧教育的理论架构

由于智能技术的介入，使得教学活动的监测、数据获取与分析变得便捷、高效。根据数据分析结果，可实现精准化教学决策，提供适宜的学习支持与服务，不断优化教学过程，个性化学习，提升学生的思维品质，培养创新才能等目的。这里的"精准"主要涉及精准判定学习是否发生、学习能否按期完成，如若没有发生学习或者学习不能按期完成，则需要给予相应的精准辅助。不难看出，智慧教育是信息技术与教育发展高度融合而产生的新型教育发展模式，旨在综合应用各种信息技术，提升现有教育系统的智慧化水平，培养大批具备 21 世纪技能、拥有创新意识和创新能力的智慧型人才。

此外，智慧的教育是一个很大的课题，涉及软硬件建设、制度体系、人力资源建设、应用模式设计、评估评价体系、应用服务、分层规划、技术合作等多个层面的体系建设，是针对实际应用中科研、教学、管理、评估、培训、信息流等具体问题的解决方法，并研究如何利用信息化环境实现其教育价值的主体应用和拓展延伸。发展智慧教育就是促进教育信息产业的发展。

6.1.2　智慧教育的技术构成

目前，智慧教育系统的常见总体架构如图 6-3 所示，智慧教育的核心主要是利用新一代信息技术，推动教育和学习的创新发展。智慧教育信息技术体系是一个综合应用数据采集与传输系统控制系统、信息处理系统的复杂系统，它支撑着智慧教育的创新应用。

人工智能、物联网、大数据、云计算、移动互联网等是构成和支撑智慧教育的主要核心技术。

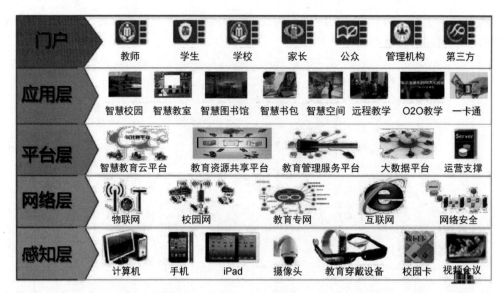

图 6-3　智慧教育系统的总体架构

（1）人工智能技术

人工智能将数据采集、数据处理、人机界面等多个方面的技术深度融合并应用到教育领域中，有助于为学习者提供个性化和智能化的学习体验，提高教学效率。智慧教育中人工智能的运用，从根

智慧教育关键技术

本上改变了传统教学模式，增强了教学的互动性与智能性。人工智能在智慧教育中，运用人工智能构建多样化的学习情境。

智能教学系统是运用人工智能构建的一种自适应学习系统，其通过建立各种模型，与知识库进行数据关联，实现自主指导学习者进行知识技能学习。

智能测评是通过文字识别、语音识别、图像识别等技术，完成作业和试卷的自动批改，并对成绩进行分析，提供教学诊断评估及下一步的教学建议等。

人工智能可以建构一个具有精密层级逻辑关系的三维空间知识结构数据库，用来描绘学习者的知识状态，记录其学习水平和特点，并以此给不同学习者提供不同的学习测试内容。人工智能通过跟踪测试，准确获得学习者知识结构掌握情况。同时，运用不同算法模型，从元认知、高阶认知、生理心理等多角度，对教学者和学习者进行教学综合评价。人工智能可实现智能化教学和行政决策管理。通过对各种教学数据、测评数据、校园环境数据的动态监测，智能教学平台能够使用智能算法模型为教学者和学习者提供个性化的服务。同时，在维护校园安全和隐患分析预警方面，智慧管理系统通过多维度整理分析收集到的数据，给管理者提供科学的管理决策。例如，通过人脸识别等技术对校园及周边环境、师生行为进行监控，以及时预防和处理问题；通过传感技术对学校供电、供水、供气等重点设施进行监测，及时把异常预警信息传输给管理员，并提醒管理员确认和处理。

（2）物联网技术

物联网主要通过多种传感器感知和采集数据，运用多种通信技术建立网络，实现物物相连，以网关对物体的控制器进行控制，达到每个物体都具备信息化及智能化。通过物联网技术采集的数据是教育大数据的重要来源，物联网是获得智慧化教育、学习、管理，以及有效采集教育数据的基础。通过物联网技术，可以全面感知环境，及时获取和汇总得到实时数据，并对其进行分析，还能够实时对控制器做出控制反应，从而智能地发现问题并解决问题。

将物联网强大的传感器及传感网技术应用于教育教学环境中，可实时采集有关课堂环境的多样化信息，包括声音、教室感光、教室温度、环境湿度等，自动分析并快速做出反应，从而进行智能控制，为实施信息化课堂教学创造有利条件。基于物联网等技术，学生可以通过虚拟仿真实验室设备，实现远程控制真实实验设备，并且可以智能地实现对数据的存储和分析，学习者在实验室就可以对其他地方的实验设备、种植基地、养殖基地等多种环境进行远程监控和学习管理，物联网技术可以帮助学习者克服设备资源共享的障碍，打破传统教育的局限，为师生提供一个真实的、共享的教学科研环境。

（3）大数据技术

大数据技术是智慧教育的基础技术力量，它使"教与学"全过程的印记得以记录、存储、分析和可视化表征。大数据技术在教育中的应用主要是教育数据挖掘和学习分析，其中教育数据挖掘关注如何从大数据中提炼出有价值的信息，如，学习模式的识别；在此基础上，学习分析关注如何优化学习体验，如提供精准、个性的教学决策服务。

通过大数据分析，可以精确了解学生的认知结构、知识结构、情感结构、能力倾向和个性特征，以此为基础来提供全面、个性化与精准的教育服务。例如，及时发现学习者的知识盲区、完善学习者的知识结构、发现和增强学生的学科优势与特长。大数据环境下的个性化学习主要有两方面优势。第一，丰富的数字化学习资源。学生可以根据自身喜好和能力选择学习任务。第二，改善学习效率。通过大数据对高频错题进行分析，列出知识点，针对不同学习者推送类题与错题，再拟定个性化学习方式。差异化与个性化学习，一直是教育工作者力图解决的问题，而大数据让这个问题"迎刃而解"。

智慧教育应该能够根据课程教学大纲的要求，智能地从互联网搜索学习资源，并通过大数据技术分析学生的学习行为，再根据学生的学习理解力进行评级。例如，可以分为高、中、低级，同时对收集的学习资源难度再进行高、中、低分类，最后再按学生的理解力级别推荐学习资源，实现差异化与个性化学教学。图 6-4 所示为大数据在智慧教育中的用例。

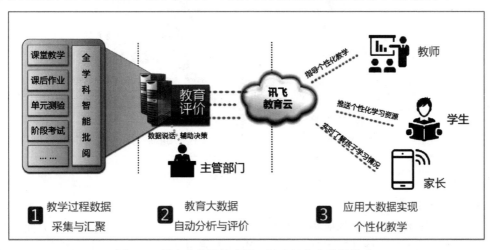

图 6-4　教育大数据及应用（讯飞教育大数据体系）

可以看出大数据的实现，可以更好地共享教育资源、促进学校管理的科学化和效率化、促进教学模式的重大变革；但同样也带来了挑战，具体表现为，教师的数据素养有待提升、数据管理存在漏洞、存在不良数据和独裁数据等。高等教育要积极应对大数据时代的到来，要规范数据管理限度、强化混合教学技能、共享共创数据资源，以更好地提升办学质量和水平。

（4）云计算技术

通过云计算技术，能够让师生非常便利的获取资源，为智慧教育提供技术保障。合理运用云计算技术，能够提高智慧教育的功能和作用，拓展智慧教育平台的使用价值。云计算技术在智慧教育中的应用，主要有以下几种。

1）教育资源共享云，通过云计算实现信息化教育平台，这种平台具有基础、公益以及普及等特征。一般而言，这种共享云能够提供一定服务，比如教学资源、教育管控资源及基础信息储存等平台，还有一些普通服务。但是这种服务平台对具体化和个性化的服务还是有一定局限性的。

2）区域云教育，这种教育与教育资源共享云比较类似，这个模块同样具有共享功能，可在任何时间、任何区域内使用。但是与共享云比较，这种方式的模块普及和服务范围比较小，可能为一个省，一个市，甚至是一个学校，这种区域限制会直接影响共享功能的使用。

3）教育机构混合云，教育机构出于安全考虑，将数据存放在私有云中，但是同时又希望可以获得公有云的计算资源，因此将公有云和私有云进行混合和匹配，以获得最佳的效果。混合云服务相对其他云服务而言，平台构建难度较大，运维资金相对较高。

4）校园云，事实上，校园云主要为校园教育所使用，大多数应用在高校及基础条件较好的中高职院校的信息化核心平台。校园云的最大优点在于服务质量及信息安全等方面。图6-5所示，为教育云平台的技术应用。

图6-5　教育云平台技术应用

（5）移动互联网技术

移动互联网技术在教育中的应用覆盖教学、科研、管理、生活、娱乐等多个方面，兼顾个体、部门和整体性业务。移动互联网对教育的影响主要包括教育资源微化、教育场景移动化、教育模式按需化和教育形式互动化等。教育资源的碎片化（或者称微化），是指将学习内容进行分割，然后以正式或非正式的方式推送给学员。其优势是，有效利用了学员的碎片化时间，为学员提供了当前需要或感兴趣的学习内容，最有效地满足了学员对知识从不知到知，从认识模糊到清晰的需求。

移动互联网教育是传统的互联网教育与移动网络相结合的产物，教育场景不再固定于学校、教室、图书馆等，可以在家里、公交上、公园中……很多公司和企业敏锐地感受到了这种趋势，都在通过各种方式为客户和学员提供基于移动互联网的培训和学习，使教育培训能随时随地满足人们的要求。

移动互联网的到来，智能终端的普及，以及社会化学习、社区化学习的发展，为人们能随时学习带来了可能和便利，同时也将改变人们的学习模式。传统的教育模式以培训为主，忽略了学生个体的差异性，导致了教育的低效率。而移动互联网支持学习者随时随地通过手机搜索和查询答案，实现了按需学习。

传统的网络教育，一般需要学员在指定的时间坐到计算机面前接受教育培训，多为单向的固定知识传授。而移动互联网和智能终端的普及使交互和互动更加便捷。在工作和生活中遇到问题，可以随时打开手机，通过搜寻、查找资料、提问等多种方式在互联网、企业的知识资源库、企业专家、企业员工中获得答案和灵感，通过与他人沟通、讨论、交流等过程互相学习。

（6）语音识别技术

语音识别技术在智慧教育领域的应用主要包括自动口语测评、智能学习助手、基于语音的演讲控制系统等。通过自动口语测评应用的语言学习训练系统，不仅能提供纠错反馈，判断发音错误的类型并给出相应的矫正建议，同时还兼顾语音、重音、语调等多个方面，能为用户提供更全面的语言学习体验。语音技术的升级，使得可以利用在线语音识别技术将语言类的学习也将变得高效，成为智慧教育的又一重要的新技术。

（7）教育机器人

教育机器人是指，一类应用于教育领域，以培养学生分析能力、创造能力和实践能力为目标的机器人。教育机器人技术作为一种集成了电子、机械、计算机等多种学科技术的产品，逐步在各种科技创新竞赛以及课堂教学中普及开来。教育机器人的应用使得学生既可以全面地了解并学习科学知识，同时又锻炼了学生的动手能力、想象力及创新思维。随着智能技术、信息技术等高新技术的不断发展，在经济与科学技术快速发展的推动下，机器人被广泛应用到越来越多的领域中，由此可以预见，机器人的使用也将会越来越普及。机器人作为一种新型的教学工具，正在被教育领域广泛的使用，并且具有教学的适应性、符合教学大纲、包含众多教学知识点、具有良好的人机交互界面和一定的可扩展性与开放性等优点，它可以根据个人需求，自由增减功能模块，实现自主创新等教育行业的显著特征。

6.1.3　智慧教育的应用发展

1. 学习方式的改变

传统教育的教育形式通常是接受式的，是以教师为中心，注重教师的"教"，而忽视了学生的主动性和创造性。随着智慧教育时代的到来，充满"智慧"的教学方式和教学环境的创建构成了"个

智慧教育带来的改变

性化"和"智能化"的教学。但是要做到因材施教就需要掌握学生的基本信息、状态变化、能力水平等数据。要实现以上条件则需要强大的数据统计和完善的理论以及移动设备。随着大数据、人工智能的兴起及可移动终端设备的流行，使"因材施教"成为可能。通过数据挖掘技术和学习分析技术对教育大数据进行分析以达到促进学生的学与辅助教师教学的目的。

智慧学习就是学生在智慧环境下利用现有的智能设备和社会网络来帮助学习，旨在培养学生的主动探究精神和"智慧"思维能力。随着电子书包、平板电脑、移动设备以及"可穿戴"

计算设备等智能设备的出现，学生的学习逐步从传统的以教师为中心的方式变为以学生为中心的方式，给予了学生个性化的学习体验，并且大大提高了学生的积极性和创造性。智慧学习具有个性化、高效率、沉浸性、持续性、自然性等基本特征，能够帮助学习者不断认识自己、发现自己和提升自己。

2. 教学方式的改变

传统教师的"教"都是将教学材料以结论的形式呈现给学生，学生缺少自主探索、独立学习、独立获取知识的机会。因为班级里人数较多，教师并不能了解每个学生的学习情况，从而进行及时的反馈，教学效率较低。大数据技术和学习分析技术通过分析数据来帮助教师更加了解学生的学习情况，从而采取针对性的指导改善教师的教学方式。智慧型的教师在教学过程中扮演的角色是组织者、辅助者和评价者，旨在培养学生的创造力、合作能力、认知能力等。智慧教育提倡"智慧"的评价方式，教师进行评价，依靠数据而不是主观判断。现在，国家推行统一学籍，每个学生都分配了终身性质的学籍号。这样不仅可以记录学生在校的学业表现，而且即使学生毕业或者深造，也可以对其的发展及学习情况进行持续跟踪，为教学质量评估提供更全面、更准确的科学数据分析结果。

3. 教育场景的改变

人工智能、物联网、云计算、大数据、移动通信等新一代信息技术的兴起为智慧学习环境提供了技术支撑。传统的学习环境的物理设施有教室空间、课桌椅、教学装备等。而智慧的学习环境是指，在丰富技术支持下的学习环境。最初的智慧学习环境指，配备交互式电子白板，能够支持师生间实时交互和信息展示的教室。以计算机为代表的新技术进入课堂后，使得师—生转变为师—机—生或生—机—生；学习方式也由教授式学习转变为探索式或协作式学习。随着技术的发展，强大的技术数据处理能力支持智能化学习研究，智能学习环境中可以主动感知环境，并通过收集环境数据和跟踪学习者学习过程数据，综合进行教学决策。

思考：

智慧教育的推广和应用，给人们的学习方式带来了很大的改变，无论是基础教育学习还是专业信息知识获取，都变得更为便捷高效。你认为智慧教育方式，是否也存在缺点？传统的常规教育方式是否会被逐渐淘汰？

_____

_____

_____

_____

6.2 网上教育平台的智能应用

6.2.1 智慧教育产业概述

物联网、人工智能等先进技术的发展进步，推动了传统教育模式与内容实现平台化、数字化发展，通过智慧平台和智能终端输出教育内容，改变传统的教育和学习模式，丰富智慧教育的内容和应

网上教育平台智能应用

用。随着智慧教育平台兴起,教育形式多样化、教育产品差异化及渠道多元化成为新态势,目前我国智慧教育细分领域众多且发展阶段差异化明显,共享教育、文化教育以及技术教育等细分市场优势突出。智慧教育产业主要可以分为智慧教育技术研发、内容生产、平台运营以及校园系统建设。从产业细分领域来看,在线教育平台、智慧教育技术装备与智慧教育内容生产领域都具有广阔的成长空间。随着从"平台为王"进入"内容为王"时代,教育资源内容数字化呈现爆发式增长。智慧教育装备技术形成了教育机器人等投资热点领域。在线教育平台呈现综合型、专业型等多方向发展。智慧校园系统建设稳步推进,涉及智慧校园、智慧教室、智慧课堂等内容。

6.2.2 外语学习智慧教育平台

在智慧教育领域,人工智能技术为外语学习带来了新突破,成为引领信息化教育、智能教育的发展重要方向。教育的信息化进程发展了近 30 年,从硬件投入、内容投入、录播直播发展到了人工智能技术和智慧学习平台。如图 6-6 所示为一个典型的英语学习智慧教育平台,其可以通过人工智能为每个学生带来一对一的语言教练和在线互动协作的智慧学习环境。综合运用人工智能技术,打造各种创新应用,以听说为突破,全面提升学生在外语上的听、说、读、写、单词记忆、语言运用等能力。

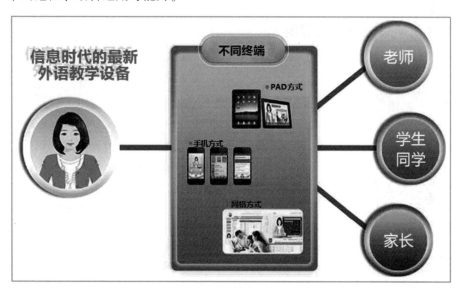

图 6-6 智慧教育应用系统

6.2.3 智慧校园解决方案

智慧校园是指以促进信息技术与教育教学融合、提高学与教的效果为目的,以物联网、云计算、大数据分析等新技术为核心技术,提供一种环境全面感知、智慧型、数据化、网络化、协作型一体化的教学、科研、管理和生活服务,并能对教育教学、教育管理进行洞察和预测的智慧学习环境。智慧校园的核心特征包括为广大师生提供一个全面的智能感知环境和综合信息服务平台,提供基于角色的个性化定制服务;将基于计算机网络的信息服务融入学校的各个应用与服务领域,实现互联和协作;通过智能感知环境和综合信息服务平台,为学校与外部世界提供一个相互交流和相互感知的接口。智慧校园的常用组织架构如图 6-7 所示。

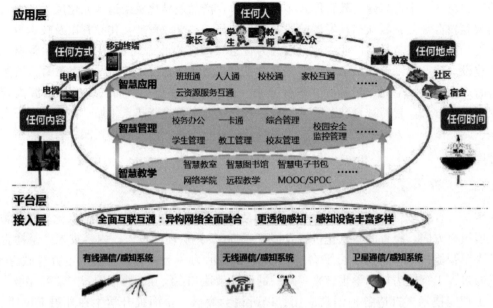

图 6-7　智慧校园的常用架构

6.2.4　智慧早教机器人应用

早教机器人

早教机器人是专门针对孩子学习和成长的产品，它以机器人的模样作为外观设计，实际上还比电子产品更容易吸引孩子的注意力和兴趣。它并不是枯燥无味的教孩子学习，它是以做游戏和交流等有趣的方式让孩子在无形中学习。早教机器人是服务型机器人的一个细分领域，一般具有语音识别、语音对话及早教功能等特点。这种场景式的陪伴，在一定程度上弥补了当下父母因为工作忙碌而不能陪伴、教育孩子的缺憾。根据前瞻公布的分析报告显示，预计至 2025 年教育机器人的市场空间将达到 3000 亿。现在有越来越多的企业开始进入到早教机器人领域，并且把更多独特的内容绑定在自己的产品上，因此，在幼儿教育市场方面，早教机器人正在异军突起，成为智慧教育的又一典型应用场景。

【巩固与练习】

一、判断题

1. 智慧教育是指在教育领域运用现代信息技术来促进教育改革与发展的过程。（　　）
2. 智慧教育系统主要包括了智慧教育环境、资源和方法等部分。（　　）
3. 从生态观点的视角出发，智慧教育是传统教育与信息技术的深度融合与创新的产物。（　　）
4. 智慧教育不能提高对于教育空间及时间的最大化利用。（　　）
5. 人工智能是构成和支撑智慧教育的核心技术之一。（　　）

二、选择题

1. 在智慧教育发展过程中，（　　）年是教育信息化走向智慧化的重要时间点。

A. 2018　　　　　　B. 2019　　　　　　C. 2020　　　　　　D. 2021

2. 智慧教育的核心主要是利用新一代（　　），推动教育和学习的创新发展。

A. 信息技术　　　　B. 数字电子　　　　C. 模拟电子　　　　D. 电路技术

3. 通过（　　）技术采集的数据是教育大数据的重要来源。

A. 智能控制　　　　B. 电子线路　　　　C. 物联网　　　　D. 大数据

4. 智慧教育的内涵可以从（　　）三个视角来进行阐述。

A. 生态　　　　　　B. 教育　　　　　　C. 技术　　　　　　D. 功能

5. （　　）在智慧教育中的应用，主要有教育资源共享云。

A. 网络技术　　　　B. 通信技术　　　　C. 人工智能技术　　D. 云计算技术

三、简答题

1. 简述智慧教育的发展过程。

2. 智慧教育的内涵具体包括哪些方面和内容？

3. 智慧学习和智慧校园的优势有哪些？

4. 结合本节的学习，谈谈对智慧教育未来应用的看法。

【学·做·思】

测评多款智能翻译 App。

App 名称			
类型			
大小			
识别信息种类			
操作便捷性			
翻译准确度比较			
……			

思考总结：

第 7 章　智慧交通

【学习目标】

1. 理解什么是自动驾驶及自动驾驶汽车的五个级别
2. 理解自动驾驶中的三个先进的传感器技术
3. 掌握自动驾驶领域绘制高精地图的方法
4. 理解深度学习对自动驾驶的意义
5. 了解车联网，并理解车联网对自动驾驶的意义
6. 理解智能交通系统

【教学要求】

知识点：自动驾驶、自动驾驶汽车的五个级别、自动驾驶中的三个先进的传感器技术、高精地图、车联网、无人出租车、无人商用车、半自动无人拖拉机

能力点：掌握自动驾驶领域绘制高精地图的方法，理解深度学习对自动驾驶的意义

重难点：自动驾驶领域绘制高精地图的方法，深度学习对驾驶的意义

【思维导图】

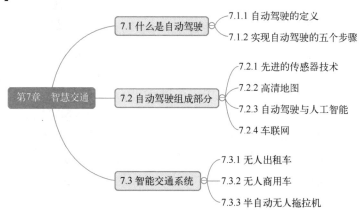

7.1　什么是自动驾驶

7.1.1　自动驾驶的定义

自动驾驶（Autonomous driving）通常是指在没有人类驾驶员干预的情况下，自动驾驶或移动的车辆或运输系统。2014 年，SAE International（汽车工程师协会）发布了 J3016 标准，定义了直至完全自动驾驶汽车的各种发展水平。自动驾驶的级别，并将其划分为 0 级（无自动

化）到 5 级（车辆完全自主）。

7.1.2 实现自动驾驶的五个步骤

汽车按照命令出现在乘客面前，并带领乘客安全地穿过城市、乡间小路和高速公路。未来的汽车行驶将不再需要人类驾驶员，乘客可以互相交谈、看电影，甚至在长途旅行中睡觉。SAE International 于 2014 年在 J3016 标准中定义了这种无人出租车的开发阶段。同时，标准化组织明确表示，所描述的阶段更多的只是描述性而非规范性，且不具法律约束力，可以存在具有不同级别特征的车辆。

无人驾驶分级与发展阶段

1. L0 级：无自动化

驾驶员：完全控制。

时间：过去式。

最早的汽车以完全由驾驶员自己转向、加速和制动的方式行驶。但是，随着车辆数量的不断增加，这种驾驶形式给社会带来了各种问题。解决这些问题正是自动驾驶的目标之一。L0 级这种没有任何辅助系统，由驾驶员完全控制汽车的"非自动化"汽车已经过时了。

2. L1 级：驾驶辅助

驾驶员：始终负责纵向和横向控制；只在特定情况下获得驾驶辅助系统的帮助。

时间：2010 年左右。

驾驶员对身体和法律上的控制负全部责任。他（她）必须时刻注意交通状况，双手放在方向盘上并准备好刹车。同时，他（她）也得到了辅助系统的支持，这些辅助系统就像一个细心的前座乘客一样，与驾驶员一起监控着车辆及外部环境的各个部分。通过声音、光学或触觉信号，它们可以指示驾驶员的错误或警示驾驶员注意力集中，或使用驾驶员选择的设置来避免危害发生。这些系统可以关闭，因为它们通常仅在特定速度范围内运行。在天气恶劣（传感器会变脏污）的情况下，它们也只能在有限的范围内起作用或根本不起作用。比如巡航控制，它控制车辆的速度，在更高级的配置中，控制与前方汽车的距离。正确使用该系统可防止超速和追尾前方车辆。车辆变道时，指示盲区车辆的助手也按照同样的原理工作。

现今，几乎所有车型的驾驶员都受益于高级驾驶员辅助系统（ADAS），例如，自适应巡航控制、车道偏离辅助、停车辅助或紧急制动辅助。

3. L2 级：部分自动化

驾驶员：必须时刻监控系统。

时间：自 2016 年起。

与 L1 级驾驶员辅助系统最重要的区别在于，该级别的系统可以完全使用车辆的油门、刹车和转向系统。目前高端制造商的顶级车型还使用传感器监控车辆环境。通过这种方式，这些车辆可以自动跟随车道或前方车辆，并识别不断变化的速度限制，并在某些情况下（例如在高速公路上）相应地调整车辆速度。在多车道道路上，它们还可以超越其他车辆并进行规避操作。在交通拥堵时，它们会自动刹车，并可以在规定的时间内再次行驶。尽管 L2 级拥有这些功能，但根据 SAE 的定义，驾驶员仍须独自负责监控环境。为确保驾驶员的持续注意力，L2 级车辆要求驾驶员定期触摸方向盘。

2016 年，第一辆半自动豪华车上路。这些车辆在高速公路等可预测的环境中独立处理横向和纵向控制，即使在高速行驶的情况下也是如此。但是，驾驶员必须随时监控系统并能够立即进行干预。这意味着开车看手机仍然是被禁止的。

4. L3：条件自动化

驾驶员：可从事非驾驶活动。

时间：从 2020 年左右开始。

从这个级别开始，车辆还负责对环境进行全面监控（前提是相应的法律框架到位）。SAE 指出，人类驾驶员可以参加其他活动。但是，当系统达到极限时，驾驶员必须能够在警告期过后随时进行干预。在技术上，行业已经达到了这个水平。但仍然存在挑战，例如，在高度自动化的高速公路驾驶数小时的情况下，车上的人如何保持注意力。另一方面，在没有准确了解驾驶员状况的情况下，车辆如何安排交接以及如何始终实现明确的职责分配。

从 L3 级开始，驾驶员只要在被提示后有足够的时间接管方向盘，就不再需要关注驾驶环境了。

5. L4：高度自动化

驾驶员：不再需要监控系统。

时间：大约从 2025 开始。

L3 级别中的问题直到 L4 级才能解决：驾驶员（以后更有可能是乘客），被允许将注意力完全转移到其他事情上，只要系统正常工作，就不再需要关注车辆驾驶环境，不再需要为突然干预做好准备。汽车本身形成了故障安全系统，即使在部分或完全系统故障等特殊情况下，它也始终必须自己提供策略，包括将车辆安全停驶。在此级别中也首次明确了，只要该系统在运行，那么车辆制造商对安全驾驶负全责。许多公司已经将 L4 级测试车辆上路，预计此类车辆将于 2025 年量产上市。

然而，为了能够在有许多其他交通用户的环境中实现全自动驾驶，根据目前的技术状态，仍有几个障碍需要克服：

（1）Car2X 和 Car2Car 通信

汽车必须能够与环境、其他车辆以及其他道路使用者（例如骑自行车的人、行人或有轨电车）进行通信。只有这样，才能在复杂的交叉路口且传感器检测速度过慢的情况下，将交叉路口预警时间减少到所需的程度。在某些情况下，传感器也很难检测到交通灯的颜色，因此交通灯自己就必要广播它们所处的状态。为此必须创建统一的标准和必要的通信基础设施。

（2）高清地图/定位

自动驾驶汽车需要比当前的 GPS 定位系统和地图软件更精确。百度和高德等供应商已经在努力开发精确到厘米的高分辨率地图，其中还包含有关基础设施的各种细节。这是一项艰巨的任务，因为要让自动驾驶汽车在世界各地行驶，每条公共道路都必须进行测量，而且地图材料必须始终保持最新状态。但如果车辆不知道它的确切位置，即使是最准确的地图也是无用的。特别是在城市以及隧道和其他问题区域，一个能使 GPS 信息更加精确可靠的参考系统是必不可少的。

预计在不久的将来，全自动驾驶将成为现实。没有人再需要监控系统，因为它自己可以做到无论是在高速公路上，在小路上还是在城市里，都能确保"最低风险驾驶"。

6. L5：完全自动化（无人驾驶）

驾驶员：不需要。

时间：未知。

只有当所有这些挑战都得到满足时，汽车才能在大多数天气条件下实现完全自主。它们既不需要方向盘，也不需要油门或刹车踏板。根据 SAE 标准，这类汽车属于 L5 级。一些公司自 2015 年以来，一直在公共道路上试验此类车辆，但在速度、路线和恶劣天气下的运营能力方面仍然存在重大限制。传统汽车制造商和新能源汽车制造商都在持续地追求这一目标。由于各种挑战，在允许此类汽车上路行驶之前大概需要多长时间很难预测。

同时，在人们成为在所有道路上都能实现完全自动驾驶的汽车的乘客之前，需要解决许多问题。例如：

1）需要澄清保险和道德问题。

2）自主功能必须在大多数环境条件下"百分百"安全可靠。

3）必须在传感器技术和图像评估方面有所改进。

4）有必要开发高性能的硬件和软件，以确保在较高的行驶速度下或在交通不便的情况下，在必要的时间内处理大量不同的交通用户。

5）必须在全球范围内相应地调整法律框架。

6）必要的 5G 网络必须全面可用，等等。

如今我们能确定的就是，全自动驾驶汽车一旦成为现实，就会给社会带来巨大的变化。同时它们也将提供巨大的便利，儿童、青少年、老年人和残疾人将可以不受限制地出行。我们的城市将拥有更高的生活质量，交通事故的数量以及与交通相关的排放量也可能会大幅下降。

自动驾驶最终将车辆变为驾驶员。汽车的内部和外部设计都将发生根本性的变化，因为乘客将完全不必集中注意力开车。

思考：

思考并讨论，我们是否应该对自动驾驶持有一种"克制的期待"？

7.2 自动驾驶组成部分

自动驾驶汽车需要先进的传感器技术、智能控制系统和智能执行器等。从自动驾驶到无人驾驶的转变，需要复杂的技术。然而，这不仅仅是汽车能否自动驾驶的问题。未来，安全仍将是重中之重，乘客的舒适度将变得更加重要。

无人驾驶工作原理

7.2.1 先进的传感器技术

无人驾驶关键技术

自动驾驶需要各种不同的传感器，以便无人驾驶车辆即使在不利的照明和天气条件下也可以明确了解每种交通状况（见图 7-1）。摄像头、雷达和激光雷达传感器各有其特殊优势。如果它们能被智能地融合，就可以提供全面和详细的 360°视图。自动驾驶功能的开发者也正是利用了这一原理。

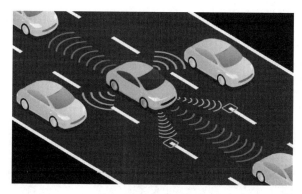

图 7-1　自动驾驶传感器

1. 摄像头确保各种驾驶情况下的不同视角

外部摄像头对于物体检测是必不可少的。它们通过使用人工智能来检测路边的物体（例如行人或垃圾桶）以此为车辆提供必要的信息。此外，摄像头最大的优势在于它可以精确测量角度。这使车辆能及早识别接近的车辆是否会转弯。如果城市交通需要广角来记录行人和交通，那么在高速公路上需要长达 300 m 的长焦距和窄视角。

内部摄像头可最大限度地保护乘员。摄像头不仅可以监控车辆的外部环境，还可以密切关注车内的驾驶员和乘客。例如，它们不仅可以识别驾驶员是否分心或疲倦，还可以识别乘客选择的座位位置。这些信息的获取为安全驾驶带来了一个重要的优势，因为如果发生事故，安全带和安全气囊的功能可以相应地进行调整。

2. 雷达传感器在能见度差的情况下使用回波系统

与被动记录图像信息的摄像头不同，雷达系统是一种主动技术。这种传感器发射电磁波并接收从周围物体反射回来的"回声、回波"（见图 7-2）。因此，雷达传感器可以高精度地确定这些物体的距离和相对速度。这使它们成为保持距离、发出碰撞警告或紧急制动辅助系统的理想选择。与光学系统相比，雷达传感器的另一个决定性优势是它们使用无线电波，所以其功能不受天气、光线或能见度条件的影响。这使它们成为传感器组中的重要组成部分。

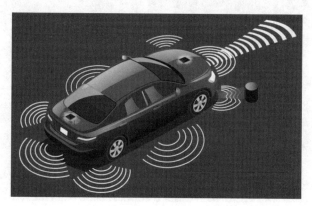

图 7-2　雷达传感器

3. 激光雷达能提供清晰的全方位视图

激光雷达传感器也应用回波原理，但是，它们使用激光脉冲而不是无线电波。这就是为什么它们与雷达一样记录距离和相对速度，但识别物体和角度的准确度要高得多。这也是它们能在黑暗中很好地监督复杂交通情况的原因。与摄像头和雷达传感器不同，视角并不重要，因为激光雷达传感器会记录车辆的 360°环境（见图 7-3）。分辨率 3D 固态激光雷达传感器还可以三维显示行人和较小的物体。这对于 L4 级的自动化非常重要，由于没有移动组件，固态技术比以前的解决方案更加强大。

图 7-3　激光雷达传感器

7.2.2　高精地图

1. 极其准确且始终保持最新状态

"我在哪里？我的目的地在哪里？我怎样才能快速安全地到达那里？"这些问题山顶洞人在 2 万多年前也曾问过自己。自动驾驶所必需的高清地图，或多或少地使用与我们的祖先几千年前相同的引导和定位机制。主要区别在于所包含位置的数量和精确度。今天的数字实时地图不仅包括道路本身，还包括车道、弯道半径、车道宽度、路牌、桥梁、斜坡、护栏、树木、路堤、沟渠和建筑物，以及它们之间的距离，见图 7-4。

图 7-4　高精地图

2. 采用传感器技术的汽车扫描周围环境

创建这些地图所需的信息目前由地图提供商自己在全球运营的特殊车辆提供。它们配备了最先进的雷达、激光雷达和摄像头技术以及差分 GPS，显著提高了定位精度。当汽车行驶时，它们会扫描并以厘米级的精度完整记录周围环境。

3. 作为定位工具的高清地图

由于高精度地图不是为人制作的，而是为机器制作的，因此传统的地图的呈现方式不再重要。由于仅基于 GPS 的定位不够准确，而且摄像头无法始终如一的提供所需的信息（例如下雪时），因此地图本身将成为一种定位工具。例如，通过将传感器的输入与存储在地图中的街道"指纹"进行比较，车辆可以以厘米级的精度定位自己，如果需要，车辆甚至可以在没有 GPS 的情况下进行定位。

4. 大量生产的车辆有助于使地图保持最新

只有在地图提供商不断更新其高清地图时，高清地图才是有效的。如何才能使地图保持最新状态呢？答案可能是联网的量产车辆。当它们在路上行驶时，它们会用传感器捕获即时数据。今天，原则上可用于此目的的数百万大众市场车辆已经在行驶。计划是从这些大众市场车辆中获取传感器数据，并将其与云中的高清地图进行比较，使用数据更新地图（如有必要），然后将其同步回车辆。这样做的目的是使更新的大小尽可能小。这就是为什么高清地图被划分成大小为几平方公里的单个图块，并且将批量生产的车辆的地图更新次数保持在最低限度。通过定义传感器类别和标准化接口格式，可以确保地图数据在来自不同制造商的车辆之间顺利运行。

5. 实时显示可用停车位和警告

它们显示街道上的可用停车位，并提供有关交通拥堵的更准确信息。此外，这些实时数据服务可加快警告的发布速度，例如发生故障的车辆是否阻塞了高速公路上的车道。

综上所述，高清地图保持最新状态需要做到以下几点。

1）配备必要传感器、GPS 和互联网连接的车辆会报告特定路段上交通路线的变化。

2）信息在云端聚合并验证其有效性。

3）系统使用此信息自动生成有关路段的新地图数据。

4）更新传输至所有兼容车辆。

简而言之：要让自动驾驶发挥作用，我们需要高清地图。这些高清地图必须始终准确反映道路上的真实情况，包括护栏、树木、沟渠和环境中的其他物体。使用现代传感器技术，主要地图提供商运营的特种车辆已经扫描了全球道路网络的很大一部分，但它们仍旧无法每天更新整个相关的交通基础设施。联网的量产汽车可能是解决方案。

7.2.3　自动驾驶与人工智能

自工业革命以来，人与机器之间分工明确。后者以它们的力量、精确度和巨大的工作量得分。人类则通过他们的智慧和逻辑思考能力脱颖而出。而人与机器之间的这种合作正在发生变化。机器和计算机越来越具备认知技能，因此它们可以像人类一样，并且通常可以比人类更好地解决相应的任务，这正是人工智能技术的功劳。

1. 深度学习与众不同

人工智能早已进入我们的日常生活。例如，每天被使用数十亿次的翻译软件，基于人工智能算法的垃圾邮件过滤器及查重软件等。还有许多行业使用大数据分析智能软件，例如，交警部门用它控制交通灯，企业用它实现厂区无人物流，医生用它分析 MRI 和 X 射线图像，律师用它搜索判例，会计师用它组织客户资料。

与传统软件不同，如今的这些 AI 系统运用深度学习甚至可以做出未在其系统中预设的决策或回答。深度学习算法模拟人脑的突触节点，输入通过多个层，一层接一层，最后得到输出。当前典型的人工智能系统中组织了数十亿个人工神经元，直到最近几年，通过云提供的处理器性能、互联网带宽和数据才达到支持此类深度学习程序所需的水平。

2. 算法学习如何驾驶

深度学习算法允许反馈和校正循环。在涉及自动驾驶等应用时，这种能力至关重要。毕竟，道路交通中存在无数无法提前编程的情况，尤其是在涉及人为错误的情况。即使是相对简单的道路问题，车辆也可能遇到很复杂的情况，比如，另一辆车已经在环形交叉路口并打开了转向灯，但它却继续在环岛内行驶。有经验的司机可以本能地认识到危险情况并避免事故。那么人工智能呢？就像人类一样，人工智能可以从间接证据中得出结论，通过那辆车的速度、车轮的位置、驾驶员的视线判断出该车辆与实际驶出环岛时的数千辆汽车的偏差，即使它开着转向灯，它也不会转弯。传统软件会判断错误并导致碰撞，而人工智能会刹车。一旦算法得到足够好的"训练"，它们就能比人类更准确、更可靠地检测此类危险，并更快地做出反应，见图 7-5。毕竟，由于驾驶员注意力和心情所处的不同状态，即使是最有经验的驾驶员也会时不时地分心。

图 7-5　自动驾驶

因此，自动驾驶的一个重要方面是人工智能系统的训练。这也伴随着验证的主要挑战：如何对旨在解决意外出现的问题的系统进行测试呢？虚拟培训和软件在环方法将有助于克服这一障碍。

人工智能还需要算力支持。未来，为了能够将整车的控制权交给 AI，车内的电子架构也必须契合。所有系统必须集中在一个中央控制单元中。这就需要 AI 具有足够的算力来实时评估来自摄像头、激光雷达、雷达和其他传感器的海量数据。

未来，人工智能有助于减少事故数量。一旦越来越多的自动驾驶汽车上路，就有可能将它们联网成一个智能交通管理系统，从而防止交通拥堵。

7.2.4　车联网

1. V2X

汽车的互联程度越高，自动驾驶也将越贴近现实。在这种情况下，作为联网汽车解决方案一部分的 V2X 通信将成为自动驾驶汽车成功的关键因素。

什么是 V2X 呢？V2X 代表 "Vehicle-to-Everything"，指的是将信息从车辆传递到可能影响车辆的任何实体，反之亦然。

2. V2X 技术涵盖

V2I（Vehicle-to-Infrastructure，车辆到基础设施）是汽车和安装在道路旁的设备（通常称为 "路边单元"（RSU））之间的数据交换。V2I 通常可用于向驾驶员广播交通状况和紧急信息。

V2N（Vehicle-to-Network，车辆到网络），也称为 V2C "车辆到云"，是指车辆通过访问网络以获取基于云的服务。

V2V（Vehicle-to-Vehicle，车对车）涉及车辆之间的数据传输。与传感器可以为汽车提供的信息相比，通过 V2V 技术传输的信息可以来自前方数百米的汽车，甚至可以来自卡车或建筑物后面的隐藏汽车。

V2P（Vehicle-to-Pedestrian，车辆对行人）是汽车和行人之间的数据交换，见图 7-6。

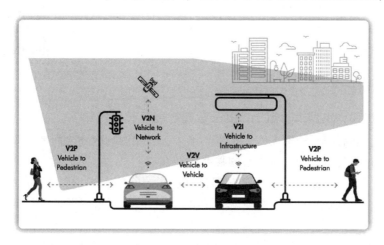

图 7-6　车联网

3. 标准化的 V2X 通信

汽车行业一直在与监管机构合作以使 V2X 通信标准化。目标是确保所有利益相关者都可以管理车辆品牌和道路基础设施之间的互操作性，以获取标准化信息。

在大多数国家或地区，政府将 V2X 技术视为减少道路死亡人数的关键因素。因此，它们正在推动行业缩短该技术的部署时间。

对于汽车制造商而言，V2X（更具体地说是 V2V），是迈向全自动驾驶汽车道路上的一个里程碑。

4. V2X 和车辆自动化：立竿见影的好处

V2X 可以提高车辆自动化的各个层面的安全性和交通效率。基本上，在 L0～L2 级，V2X

可以显著丰富驾驶员的所有类型的信息，从而避免事故（弯道中看不见的车辆、道路上的危险……），缓解交通拥堵。在 L3~L5 级，V2X 可以向传感器提供它们无法检测到的信息，并可以增强提前刹车功能。当汽车可以相互通信并连接到智能城市基础设施时，速度协调能极大改善安全性和交通效率。

随着我们走上自动化的阶梯，V2X 变得越来越重要。V2X 安全在现在和未来的每一步都有意义。V2X 的移动性将带来更多自动化水平的提升。到目前为止，V2X 和自动驾驶正在它们各自的路线上并行发展。

思考：

越来越多的车企在自动驾驶汽车的研究中使用激光雷达来辅助自动驾驶，通过查阅资料，探究使用激光雷达的必要性。

7.3 智能交通工具

从无人出租车到半自动无人拖拉机，自动化的趋势不仅限于乘用车，还包括自动化货物搬运、自动化商用车、智能叉车和创新农业机械。

 计算机视觉在自动驾驶中的应用

7.3.1 无人出租车

一对夫妇走出门，走到人行道上。妻子拿起智能手机，打开一个叫车应用程序，然后叫了一辆无人出租车。不久，云端的响应随之而来，车辆将在两分钟内到达。当它到达时，其他也想去市中心的乘客已经在车上。

许多人听到"无人出租车"这个词时都会有这样的印象——一个带窗户的巨型烤面包机，见图 7-7。以后这些未来派的无人驾驶车辆远比人们想象的要出现得多。事实上，它们可能是下一代交通工具。

在过去十年中，汽车制造商、供应商和初创公司一直致力于开发无人驾驶汽车，但尚未大规模部署无人驾驶车队。这个过程需要比预期的时间更长，因为创建和部署无人出租车与推出明年的新车型不同。它们是车轮上的超级计算机，无需人工监督，需要独特的端到端流程来开发、推出和不断增强。

在个人出行领域正在发生深刻变化的同时，无人出租车正在成为一种新趋势，正在改变消费者对出行即服务的看法。自动驾驶汽车在不断发展的公共交通领域中越来越受欢迎，现在它正与更广泛的移动服务相结合。

尽管目前处于起步阶段，但无人出租车市场正以约 58% 的复合年增长率快速增长。随着世界上越来越多的国家，关注将公共交通与城市交通解决方案相结合，未来几年，无人出租车的使用将达到新的高度。预计到 2030 年，其在公共交通领域的总收入份额将达到近 90%。

考虑到无人出租车在公共交通行业的巨大销售潜力，全球汽车巨头纷纷进军该市场。通过

图 7-7　无人出租车

技术视角来看，无人出租车未来几年市场竞争格局的特点将发生改变，汽车制造商和科技公司之间的合作可能会越来越多。

7.3.2　无人商用车

自动驾驶汽车技术正在超越乘用车和 SUV，在商用车中发挥重要作用，见图 7-8。

图 7-8　无人商用车

随着在线商务和购物的迅速兴起，商用车已经无处不在。然而，由于商用车司机短缺，以及严格的工作规则管理，导致商用车的成本高，效率低。商业货运公司正在寻找解决方案，以能匹配业务的前进速度。

无人商用车利用各种技术实现自动化，提供了一种实用的方法来管理对商用车不断增长的需求，从而保持工业和商业的发展。无人商用车的发展还需要克服技术和监管方面的挑战，以达到最终部署。

无人商用车若能达到 L4 级，将意味着车辆具有了高度自动化，使其能够在特定条件下执行驾驶功能，而无需驾驶员干预。操作、设计、定义无人商用车的功能参数，包括但不限于地理、道路、环境和速度限制。最终的方法是，运用高级驾驶员辅助系统模块，将它们全部集成，并添加冗余和连接，以实现更高的自动化，最终在车辆周围构建安全保护壳。

实现道路更高自动化的近期方法是，使后续车辆自动化跟随。通过自动跟随，它们与由人类驾驶员操作的领头卡车配对。后面的卡车与头车的阻力精确对齐。卡车通过车对车（V2V）通信系统进行通信——发送和接收报告驾驶状态各个方面的信号。此外，头车可以与跟随卡车沟通其操作和速度，以保持两辆车对齐，从而实现最大的运输效率和安全性。自动跟随车辆的部署可以从限制区域用例开始，例如，采矿或从矿坑到港口的操作，然后可以根据经验扩展到高速公路应用。

7.3.3 半自动无人拖拉机

想象一下，现在是收获的季节，但农民们并没有在收割庄稼。这种情况很快就会在世界各地的农场中呈现。因为半自动无人拖拉机可以接管这项工作。它是配备了一系列智能机械系统的紧凑型拖拉机。通过摄像头与激光雷达和雷达传感器的结合，拖拉机拥有了360°全方位视野和人物识别能力，见图7-9。

图7-9　半自动无人拖拉机

实现这样一个会学习的拖拉机的方法如下。在拖拉机上加载辅助系统，用于检测切割边缘、田地边界和条带（即倒下的庄稼），并自动保持拖拉机在轨道上。这使得驾驶拖拉机工作将更加高效、安全且容易。农夫仍然可以通过拖拉机的大窗户看到车辆周围发生的事情，但也可以在驾驶室，使用平板电脑轻松跟进。在田间运行时，拖拉机"学习"所走的路线并将其存储起来以备后用。这意味着在完成第一次巡视后，拖拉机将可以自动在田间作业，甚至不需要司机。由于拥有人员和物体检测的功能，该系统在它穿过周围环境时不断监测安全性。

这项技术将使大型农田的农业作业变得更加容易。在一些常见的大型农场中，节省的时间和劳动力成本更高。但是，即使是较小的农场也可以从无人拖拉机的功能中受益。激活系统中的"跟我来"功能后，拖拉机会自动跟随另一台在其前面行驶的拖拉机。例如，如果两辆车都配备了不同的工具，则可以通过仅在路线上行驶一次来完成两个不同的步骤，以此节省时间。

思考：

思考并讨论，除了上述讲解的自动驾驶技术的应用领域，还有哪些领域可以应用自动驾驶技术。

_____

_____

_____

_____

_____

【巩固与练习】

一、填空题

1. 自动驾驶汽车的五个级别为：（　　　　　）、（　　　　　）、（　　　　　）、
（　　　　　）、（　　　　　）。

2. 从（　　　　　）级别起，明确了车辆制造商的安全驾驶责任。

3. 雷达传感器与激光雷达传感器都应用（　　　　　）原理，但是雷达传感器使用
（　　　　　），而激光雷达传感器使用（　　　　　）。

4. V2X 是指（　　　　　　　　　）。

5. 无人商用车实现道路更高自动化的最新方案是（　　　　　）。

二、简答题

1. 自动驾驶的定义是什么？

2. 达到完全自动化 L5 级别尚需解决哪些问题？

3. 自动驾驶汽车需要什么？

4. 摄像头作为自动驾驶的传感器，在自动驾驶中能起到哪些作用？

5. 高清地图如何保持最新状态？

6. 深度学习对自动驾驶有哪些意义？

【学·做·思】

列举生活中的智慧交通应用场景，分析所用到的人工智能相关技术。

智慧交通应用场景	人工智能相关技术

思考总结：

第8章 智慧安防

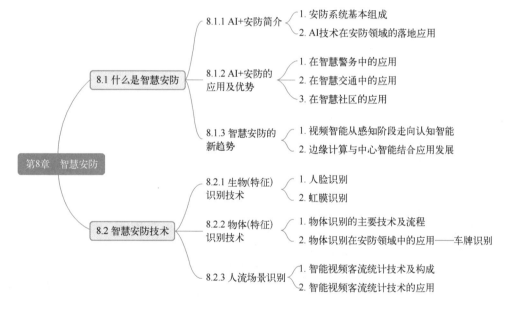

8.1 什么是智慧安防

随着物联网、大数据、人工智能、VR（Virtual Reality，虚拟现实）、AR（Augmented Reality，增强现实）等新一代信息技术，以及无人机、机器人等不断被引入到安防行业中，安防产品和系统将变得更加立体化、网络化、智能化。安防创新应用不断涌现，全球安防行业已进入智慧安防的发展新阶段。如今，智慧安防已经进入大数据和人工智能时代。以机器视觉、深度学习技术为基础的人工智能已经广泛应用于治安管控、交通管理、刑侦破案等业务场景中，在不需要人为干预的环境下，计算机可以对摄像机拍摄的内容进行自动分析，包括目标检测、目标分割提取、目标识别、目标标注、目标跟踪等；可以对监测场景中的目标行为进行理解并描述，得出符合实际意义的解释，例如，车辆逆行、开车打电话、人群集聚、包裹遗留等，这大大提升了视频监控数据的价值和使用效率。因此，智慧安防的核心是视频结构化技术和视频大数据，将视频大数据和社会大数据相互融合，便能构建成一个广泛的物联感知平台，由多个环节串联在一起从而形成强大的智能安防系统。

我国在智慧安防领域的研究及应用已经走在了世界的最前沿。其应用涉及公安、交通、家庭、金融、教育、楼宇等极其丰富的场景，影响范围较为广泛，如图 8-1 所示。安防产品智能化使得安防从过去简单的安全防护系统向城市综合化管理体系转变，涵盖街道社区、道路监控、楼宇建筑、机动车辆等众多领域。智能化监控系统通过信息技术手段建立全方位防护，在注重安全防范的同时，兼顾城市管理系统、交通管理系统、应急指挥系统、智能城管等众多管理体系，给人们的生活带来了便利且安全的保障。

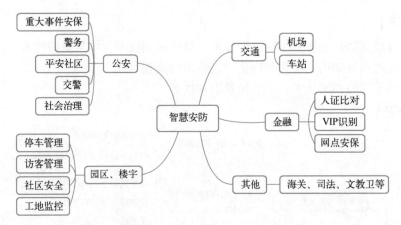

图 8-1 智慧安防的应用场景

8.1.1 AI+安防简介

由于 AI 能够迅速对视频进行结构化处理，对视频中的人、车、物进行快速识别比对，此类能力与安防需求不谋而合。与此同时，以视频技术为核心的安防行业拥有海量的数据来源，可以充分满足深度学习对于模型训练的大量数据要求，如图 8-2 所示。因此安防是人工智能最早落地的领域。近年来，在网络、数据、计算、芯片、算法等基础能力技术的助推下，随着物联网、大数据分析、人工智能等技术和应用的不断成熟，特别是计算机视觉、视频结构化分析、视频图像深度学习等人工智能技术的引入，公安大数据和社会大数据的深度挖掘，城市公

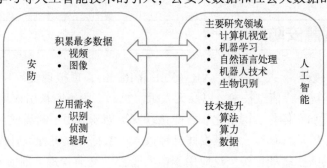

图 8-2 AI 和安防的关系

共安防智慧化水平不断提升。"AI+安防"正成为安防行业发展的热点和共识。

1. 安防系统基本组成

在安防领域，高清化、网络化的时代已经来临。高清化作为监控技术发展的主要方向之一，结合网络技术带来新的变革，高清视频监控正在以一种高姿态、高要求的形象进入人们的工作生活，不断满足市场竞争需求。高清网络监控从逻辑上可分为视频前端子系统、传输子系统及监控中心等几个部分，如图 8-3 所示。

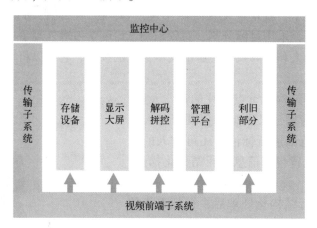

图 8-3　高清网络监控逻辑架构图

（1）视频前端子系统

视频前端子系统根据不同场景的不同需求，选择超低照度、强光抑制、高清透雾、防红外过曝、3D 数字降噪、超宽动态等功能的摄像机，保证在各种特定场景及环境下采集清晰的图像。

（2）传输子系统

传输子系统主要作用是接入各类监控资源，为中心管理平台的各项应用提供基础保障。传输子系统可采用以太网线直接将前端设备接入交换机，或采用一对光纤收发器实现点对点接入及采用 EPON（Ethernet Passive Optical Network，以太网无源光网络）实现点对多点接入。

（3）监控中心

监控中心是整个视频监控系统的核心，其中部署存储设备、显示大屏、视频综合管理一体机等设备，可以实现视频存储、解码拼控、大屏显示、平台管理等功能。

1）存储设备。

目前，有两种常用的视频存储方案。一种是面向安防应用的虚拟化、集群化的视频云存储系统，具备高性能、高安全、高扩展等特性，针对不同的应用规模可以采用微视云和标准云部署方式；一种是性价比更优的 CVR（Central Video Recorder，视频专用存储技术）存储系统。

2）显示大屏。

监控中心可采用拼接大屏作为显示幕墙，不仅可以显示前端设备采集的画面、GIS（Geographic Information System，地理信息系统）系统图形、报警信息、其他应用软件界面等，还能接入本地的 VGA 信号、DVD 信号以及有线电视信号，满足用户对各种信号类型的接入需求。

3）视频综合管理一体机。

采用视频综合管理一体机实现解码拼控及管理平台功能，视频综合管理一体机为软硬件一体化设计，在硬件层面上包含解码、大屏拼接控制功能，在软件层面上可实现一步到位的全方位系统管理功能，具体包括设备接入管理、报警处理、存储管理、流媒体转发、电视墙管理、用户接入、用户管理等功能模块。

2. AI 技术在安防领域的落地应用

AI 技术在安防领域的应用主要体现在两个方面：视频结构化技术和大数据技术。

（1）视频结构化技术

所谓视频结构化技术，就是将视频内容（人、车、物、活动目标）的特征属性自动提取出来，并按照语义关系，采用目标分割、对象识别、深度学习等处理手段，分析和识别目标信息，并将信息组织成为人和计算机可理解的文本信息的技术，它可以将非结构化视频变为有价值的结构化数据。

安防领域中，视频结构化重点关注的是：人员、车辆和行为。以人员为例，人员结构化既可对人员的性别、年龄等特征范围进行标注，还可对人的衣着、是否戴眼镜、是否背包等信息进行结构化描述，如图 8-4 所示。

AI 将视频数据进行结构化处理后，视频查找的速度会大幅提升。过去，案件发生后，警方只能通过人工对视频进行查找，逐一排查目标人员，但在视频数据结构化后，从百万级的目标库中查找某个嫌疑人只需几秒即可完成。同时，对结构化数据进行深度挖掘还能实现预测功能。此外，结构化后的视频数据占用的内存空间更小，在数据爆发的今天，能有效减轻传输和存储压力。

图 8-4 人员结构化涉及的信息识别

（2）大数据技术

大数据在安防领域有三个特点，第一是类型多样化，因为安防行业的应用系统、产品非常多，所以产生的数据类型也非常多。第二是海量数据，随着摄像机的像素越来越高，产生的视频数据也越来越大，所以分析难度也相应地加大。第三是人机结合，安防领域使用的大数据通常需要要人机结合才能产生更高的效应，比如说公安系统的识别领域，不能完全用机器去识别，还需要与一线的民警结合起来，才能达到最好的效果，即所谓的人防、物防和技防三者结合。

8.1.2 AI+安防的应用及优势

1. 在智慧警务中的应用

作为安防的重点应用领域，目前公安行业正在依托信息感知、云计算、人工智能等技术的不断发展，大力推进公安信息化以及智慧警务建设，人工智能在其中发挥着越来越重要的作用。

公安行业的用户，迫切需求是在海量的视频信息中，发现犯罪嫌疑人的线索。人工智能在视频内容的特征提取、内容理解方面有着得天独厚的优势。在对人、车、物进行检测和识别的过程中，基于深度学习的图像识别技术，目前应用较为广泛。公安工作中，运用人脸识别技术在布控排查、犯罪嫌疑人识别、人像鉴定以及重点场所门禁等领域获得了良好的应用效果。

现有的治安监控系统融入基于深度学习的人脸识别算法，实现系统的智能化升级。系统平台数据库将案件重点关注人群入库，实现在身份认证方面对常住人口、暂住人口、重点人口、在逃人员等数据的人像比对，为户籍管理、治安管理、刑侦破案等领域提供大数据分析的技术手段。

2. 在智慧交通中的应用

在城市交通领域，单纯的车牌识别技术已经无法满足实际需求，业界迫切希望能够更快、更准确地提取更多元的车辆信息，除车牌号码外，还有车辆的厂牌、车身颜色、车辆品牌、车辆类型、车辆特征物等。支持基于车辆外观特征的快速检索，这些特征在刑事案件侦查、交通事故处理、交通肇事逃逸、违章车辆自动记录等领域具有广泛而迫切的应用需求。

大数据分析技术、基于深度学习的图像识别技术很好地解决了城市公共交通安全管理中所面临的各种困境。针对违章车辆的抓拍，不再仅仅依靠车牌识别技术，而是借助计算机视觉技术、图像处理并通过海量的大数据分析、深度学习训练，同时辅以前端设备采集的车身颜色、车灯以及车标或者其他多种特征，从而得到较高的识别率，实现对目标车辆的检索。以海康威视的车辆特征识别技术为例，在应用深度学习技术后，机器不仅可以完成基础的车牌识别功能，还可以识别出品牌、车型和多种车辆子品牌，并且可以快速辨认出危险品车和黄标车。

3. 在智慧社区的应用

社区是城市的基本空间，是社会互动的重要场所。随着人口流动性加大，社区中人、车、物多种信息重叠，数据海量复杂，传统管理方式难以取得高效的社区安防管控，同时，社区管理与民生服务息息相关，不仅在管理上要求技术升级，同时还要实现大数据下的社区服务。

通过在社区监控系统中融入人脸识别、车辆分析、视频结构化算法，实现对有效视频内容的提取，不但可以检测运动目标，同时根据人员属性、车辆属性、人体属性等多种目标信息进行分类，结合公安系统，分析犯罪嫌疑人线索，为公安办案提供有效的帮助。另外，在智慧社区中，通过基于人脸识别的智能门禁等产品也能够精准地进行人员甄别。

通过社区出入口、公共区域监控、单元门人脸自助核验门禁等智能前端形成的立体化治安防控体系，可以做到"人过留像、车过留牌"，对社区安全进行了全方位监控保障，而且采集的数据能够被实时分析研判，不仅可以实现人、车、房的高效管控，而且能够形成情报资讯，为公安民警、社区群众与物管人员，打造平安、便民、智慧的社区管理新模式。

8.1.3　智慧安防的新趋势

1. 视频智能从感知阶段走向认知智能

视频智能分析是 AI 落地安防的重要技术之一。所谓视频智能分析是利用基于深度学习的各类智能算法来分析前端设备采集的视频信息，实现对各种安全事件的主动预警，并将报警信息反馈至监控平台及客户端。不过，从安防企业发展的产品和技术实现的功能来看，当前视频智能分析还处于感知智能发展阶段。

视频智能分析主要包括行为分析和特征识别。行为分析是以背景模型为基础，技术应用表现在人员聚集、物品遗留、物品丢失、人员徘徊、人员倒地、安全帽及工装检测、区域人数统计、进入及离开区域、跨越警戒线、火焰检测等方面。特征识别主要包括车牌识别和人脸识别。与传统视频分析比较，视频智能分析的重大突破在于，能够将场景中的背景和目标分离，从而识别出真正的目标，也就是具备对风、雨、雪等多种背景的过滤能力。从技术角度来看，就是通过建立人体活动算法模型，并借助计算机的高速计算能力，排除监视场景中的干扰因素，准确判断并动态跟踪人类在视频监视图像中的各种行为，达到有效预警的效果。当前，主流厂商推出的智能产品，视频智能分析技术均已实现了可排除干扰背景因素，动态实时跟踪目标并分析目标行为，从而大大提升了报警准确率。可实现对人脸、人体、车辆等并行综合检测，精准全息化感知业务场景数据，提升综合研判能力，当前这类技术主要应用在周界防范、人脸布控等场景。以绊线探测（又称越线检测）为例，如图 8-5 所示，在视频内划线，将关键设施的周边设置为探测区域，指定布控对象类别，系统探测当布控对象进入探测区域时，触发抓拍事件；对象长时间停留在探测区域内，则每隔 N 秒后触发一次抓拍事件，可指定检测一种对象或多个对象类别，并当检测到可疑目标时即触发报警。

图 8-5 视频智能分析案例——绊线探测

除了视频的智能分析识别之外，视频分析与物联网技术的结合应用也是人工智能的发展方向之一，将温度、湿度、水浸（水位）、氧气浓度等环境信息集成进视频中，并进行智能分析和识别，目前的技术发展已经可以做到物联网视频智能处理。不过，相较人脸识别和车牌识别等特征识别，行为分析技术发展还不够成熟，但无疑它是未来视频智能分析一个重要方向，在智能安防领域应用前景广阔，未来仍需要主流厂商大力投入研发，不断进行技术迭代。

虽然视频智能分析在准确率和融合检测能力上有了很大的突破，但是从当前来看，智能安防行业的视频智能分析基本还处于视频结构化分析的感知智能阶段。公安系统包括其他监控系统，在数据应用上只是对结构化数据进行简单应用，数据价值并未完全发挥出来。未来，整个智能安防行业中的智能视频分析将走向知识图谱即认知智能、决策智能阶段。所谓的知识图谱是一种针对应用语义理解技术实现更高质量、可计算、可理解的大数据结构，也就是针对多类异构数据源的知识结构化、关联化分析，属于实用型认知应用，能够更高效地实现决策智能。当前，已经有一些主流厂商和技术商在视频智能分析技术应用上实现了一部分认知智能。

2. 边缘计算与中心智能结合应用发展

随着深度学习算法的突破，安防领域的目标识别、物体检测、场景分割、信息标签提取、数据检索及分析研判等各项技术应用也在不断取得新的进展，相比于传统智能带来的应用效果，AI 深度智能在识别准确率、环境适应性、识别种类等方面的效能提升显著。

在终端和边缘端，可内置多种算法，其中，混合目标检测模式就可支持同一场景下人脸、人体、车辆图片的并行抓拍、关联以及结构化属性提取，也就是轻量级的多维数据融合。当前，各大厂商推出的相关产品，已经可以支持前端多维数据的提取和分析，包括全场景和细分感知数据采集和融合。这类技术产品比较适合小规模项目的场景应用，相当于一机多用，不仅大大简化项目部署的复杂性，而且降低工程实施成本。

边缘智能是将边缘计算与用户、业务结合，不是简单地把边缘计算搭建起来，而是对管道能力的整体提升。边缘智能具有数据处理实时性、业务数据可靠性、应用开发多样化等优势。目前，安防领域中，边缘智能的发展一日千里，许多智能安防产品已经升级，具有边缘智能的能力，但是，边缘智能依然处于发展的初级阶段，其技术、业务、商业模式等各方面的挑战仍然具有不确定性，接下来需要在标准化、产业联盟、场景驱动、产业链协同、安全隐私等方面做好工作，推动边缘智能的规模化落地。驱动边缘智能发展的业务场景主要包括网络传输的场景和应用特征产生的场景。目前，边缘智能已经在智能城市、智能工业、智能社区、智能家居、车联网等大量的垂直行业中形成示范应用，给垂直领域带来了新的价值。

现阶段，数据资源大多归属于不同地区或不同部门，未来若能让数据既能够本地化又能实现跨地域互通，那么就可以在降低数据传输的风险和成本的同时，满足数据计算的需求。也就是说，多维数据融合和智能分析，需要视频流媒体的分布式计算引擎和大数据动态分布式架构来支撑实现。

除了边缘智能的发展应用，以大数据分析为代表的中心智能分析技术也有了长足进步，通过多维数据融合分析平台，初步实现舆情监控和事件预警功能。多维数据融合是充分利用多源数据的互补性和计算机的高速运算与智能来提高结果信息的质量，包含对人流的管控、交通热力图的应用等。同时，预警的另一个方向是，利用行为大数据来预判潜在犯罪，在具体技术涉及对人物目标特征和行为识别、分析，以及目标历史数据的线性研判方面，也有很大进步。安防大数据的多维数据融合应用初步成熟，边缘端和中心端的结合应用使安防大数据的实用性有了很大进步。从技术发展水平和未来发展方向看，"大智能"在中心端，"小智能"在边缘端是长期趋势。

思考：

智慧安防技术的高速发展为公共安全和国家安全提供了强有力的保障，全球许多国家都在建设视频监控网。你认为视频监控是否侵犯到了公民权益（尤其是隐私权）？您如何看待公共场所和私人场所的视频监控侵权问题？

_____

_____

_____

_____

8.2　智慧安防技术

在安防领域中，视频监控无疑是不可缺少的一环。而随着智慧城市和平安城市的建设加速，安防系统每天产生的海量图像和视频信息造成的信息冗余问题也催生了带有人工智能的计算机视觉技术在安防领域的应用。

智能安防与监控

在不需要人为干预的情况下，利用计算机视觉和视频监控分析方法，对摄像机拍录的图像序列进行自动分析，通过目标检测、目标分割提取、目标识别、目标跟踪，以及对监视场景中目标行为的理解与描述，得出对图像内容含义的理解以及对客观场景的解释，从而指导和规划行动。识别技术对安防产业带来巨大的冲击和变革。

8.2.1 生物（特征）识别技术

生物识别技术，是通过计算机与光学、声学、生物传感器和生物统计学原理等高科技手段密切结合，利用人体固有的生理特性和行为特征来鉴定个人身份的技术，如图 8-6 所示。

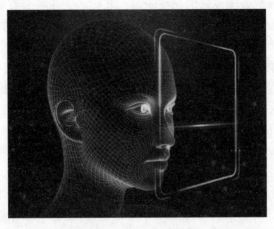

图 8-6 生物识别技术

目前，人脸、指纹、虹膜三种识别模式是应用较为广泛的生物识别方式。在全球生物识别市场结构中，指纹识别方式占比 58% 左右，人脸识别方式占比 18% 左右，新兴的虹膜识别方式占比 7% 左右。指纹属于接触性识别方式，人脸、虹膜属于非接触性识别方式，三者之间互为补充。指纹识别的应用最广泛，技术也相对成熟，但应用上有局限性，因为一部分人没有指纹，无法使用指纹支付，而且指纹会被复制，存在安全风险，以及采集指纹需要对象的配合，便捷性差一些。人脸识别的优势在于便捷性比较好，无须被采集对象的配合，可以自主采集，采集场合也比较方面；不足之处在于，易受到姿态、光照、遮挡、图片清晰度等因素影响。虹膜识别的准确度最高，唯一性最强；不足之处在于，采集过程需要被采集对象的配合，便捷性不高。

1. 人脸识别

人脸识别 (Face Recognition) 是一种依据人的面部特征，自动进行身份识别的生物识别技术，又称为面像识别、人像识别、相貌识别、面孔识别、面部识别等。通常我们所说的人脸识别是基于光学人脸图像的身份识别与验证的简称。

人脸识别利用摄像机或摄像头采集含有人脸的图像或视频流，并自动在图像中检测和跟踪人脸，进而对检测到的人脸图像进行一系列的相关应用操作。技术上包括图像采集、特征定位、身份的确认和查找等。简单来说，就是从照片中提取人脸中的特征，比如眉毛高度、嘴角位置等，再通过特征的对比输出结果。

（1）人脸识别的流程及主要技术

人脸识别系统主要由人脸采集和检测、人脸图像预处理、特征提取和特征比对等流程组成，如图 8-7 所示。

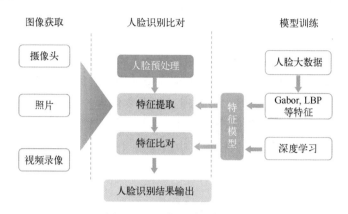

图 8-7　人脸识别系统组成

1）人脸采集。

不同的人脸图像通过摄像镜头采集得到，比如静态图像、动态图像、不同的位置、不同表情等，当采集对象在设备的拍摄范围内时，采集设备会自动搜索并拍摄人脸图像。人脸采集的主要影响因素如下。

图像大小：人脸图像过小会影响识别效果，人脸图像过大会影响识别速度。非专业人脸识别摄像头常见规定的最小识别人脸像素为 60×60 或 100×100 以上。在规定的图像大小内，算法更容易提升准确率和召回率。图像大小反映在实际应用场景中时，就是人脸离摄像头的距离。

图像分辨率：图像分辨率越低越难识别。图像大小综合图像分辨率，直接影响摄像头识别距离。现在 4K 摄像头看清人脸的最远距离是 10 米，7K 摄像头是 20 米。

光照环境：过曝光或过暗的光照环境都会影响人脸识别效果。可以利用摄像机自带的功能进行补光或滤光，以平衡光照影响，也可以利用算法模型优化图像光线。

模糊程度：在实际场景中，主要解决的是运动模糊，如果人脸相对于摄像头移动，则经常会产生运动模糊。部分摄像头有抗模糊的功能，而在成本有限的情况下，可考虑通过算法模型优化此问题。

遮挡程度：五官无遮挡、脸部边缘清晰的图像为最佳。而在实际场景中，很多人脸都会被帽子、眼镜、口罩等遮挡物遮挡，这部分数据需要根据算法要求决定是否留用训练。

采集角度：人脸相对于摄像头的角度为正脸最佳。但实际场景中，往往很难抓拍正脸。因此算法模型需要训练包含左右侧人脸、上下侧人脸的数据。所以在实际应用时，摄像头安置的角度，人脸与摄像头构成的角度需满足算法识别的范围。

2）人脸检测。

在图像中准确标定出人脸的位置和大小，并把其中有用的信息挑出来（如直方图特征、颜色特征、模板特征、结构特征及哈尔特征等），然后利用信息来达到人脸检测的目的。

人脸检测的常用方法，一般基于检测出的特征，通过建立级联分类器的学习算法实现。

它把一些比较弱的分类方法合在一起，组合出新的很强的分类方法挑选出一些最能代表人脸的矩形特征（弱分类器），按照加权投票的方式将弱分类器构造为一个强分类器，再将训练得到的若干强分类器串联组成一个级联结构的层叠分类器，借此可有效地提高分类器的检测速度。

3）人脸图像预处理。

基于人脸检测结果，对图像进行处理并最终服务于特征提取的过程。系统获取的原始图像由于受到各种条件的限制和随机干扰，往往不能直接使用，必须在图像处理的早期阶段对它进行灰度矫正、噪声过滤等图像预处理。预处理过程主要包含，人脸对准（得到人脸位置端正的图像），人脸图像的光线补偿，灰度变换，直方图均衡化，归一化（取得尺寸一致，灰度取值范围相同的标准化人脸图像），几何校正，中值滤波（图片的平滑操作以消除噪声）以及锐化等。

4）人脸特征提取。

人脸识别系统可使用的特征通常分为视觉特征、像素统计特征、人脸图像变换系数特征、人脸图像代数特征等。人脸特征提取就是针对人脸的某些特征（也称人脸表征）进行的，它是对人脸进行特征建模的过程。人脸特征提取会将一张人脸图像转化为一串固定长度的数值串。

近几年来，深度学习方法基本统治了人脸特征提取算法，这些算法都是固定时长的算法。早期的人脸特征提取模型都较大，速度慢，仅使用于后台服务。但最新的一些研究结果表明，可以在基本保证算法效果的前提下，将模型大小和运算速度优化到移动端可用的状态。

5）人脸特征比对。

将提取的人脸特征值数据与数据库中存贮的特征模板进行搜索匹配，通过设定一个阈值，将相似度与这一阈值进行比较，来对人脸的身份信息进行判断。人脸验证、人脸识别、人脸检索都是在人脸比对的基础上加一些策略来实现。如图 8-8 所示，输入一个人脸特征，通过和注册在库中的 N 个身份对应的特征进行逐个比对，找出"一个"与输入特征相似度最高的特征。将这个最高相似度值和预设的阈值相比较，如果大于阈值，则返回该特征对应的身份，否则返回"不在库中"。

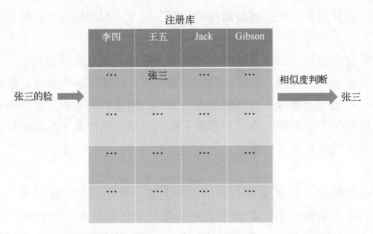

图 8-8　人脸特征比对示意图

（2）人脸识别在安防领域中的应用

1）智慧城市的基础。

① 视频分析。

基于视频中的人脸照片进行远距离、快速、无接触式的重点人员布控预警。将视频监控系统应用于车站、机场、地铁等重点场所和大型商场超市等人群密集的公共场所，对视频图像进行采集、自动分析、抓取人脸实时比对，主动在监控场景中识别重点关注人员，实现对重点人员的布控和识别。

② 重要场所的布控。

对机场、车站、港口、地铁等重点场所和大型商超等人群密集的公共场所进行布控，以达到对一些重点人员的排查和抓捕逃犯等目的。

③ 静态库或身份库的检索。

对常住人口、暂住人口的人脸图片进行预先建库，通过输入各种渠道采集的人脸图片，能够进行比对和按照相似度排序，进而获悉输入人员的身份或者其他关联信息，此类应用存在两种扩展形式，单一身份库自动批量比对，并发现疑似的一个人员具有两个或以上身份信息的静态库查重；或者两个身份库之间自动交叉比对发现交集数据的静态库碰撞。

④ 动态库或抓拍库的检索。

对持续采集的各摄像头点位的抓拍图片建库，通过输入一张指定人员的人脸图片，获得其在指定时间范围和指定摄像头点位出现的所有抓拍记录，方便快速浏览。当摄像头点位关联GIS 系统时，则可以进一步按照时间顺序排列检索得到的抓拍记录，并绘制到 GIS 上，得到人员运动的轨迹。

2）为反恐行动助力。

实现城市居住人员人脸的抓拍采集、建模存储，实时黑名单比对报警和人脸检索等功能。能及时在危险发生之前予以阻止。

3）儿童安全的保镖。

为了更好地保护儿童安全，有些幼儿园、小学在门口已经安装上了人脸识别系统。系统采用人脸识别加 IC、ID 卡（非接触式智能卡）双重认证，每一位幼儿在入学注册时都会登记个人资料、面像、IC、ID 卡号、接送者信息及接送者面像。

例：幼儿每次入园时刷卡进行报到，放学时刷卡并进行接送家长的人脸认证，如果认证失败，则拍照后即报警通知管理员，如果认证成功即拍照放行。不论识别成功与否，系统都会记录下被识别者的图像。每一次接送都有详细的时间、接送人员的照片可供查询。另外系统提供短信提示的扩展功能，家长可在手机上看到人脸识别认证时所拍的照片，从而监控到接送过程，在这个重要源头上杜绝了儿童被拐的可能性。

最后，国内在 AI 安防领域的知名企业有商汤科技、旷视科技、云从科技、依图科技，它们的人脸算法水平在 AI 企业中处于领先地位。同时，传统巨头企业如海康威视、大华股份等也在智能视觉方面引领市场。伴随人脸识别技术的快速发展，诸多创新应用已日趋普遍，为大家的生活、工作带来快捷和方便。不过，人脸识别技术还达不到人类的预期体验，对于一些安全性要求高的特殊行业，如金融行业，人脸识别有可能被不法分子攻破漏洞进行身份造假，因此需要多种生物特征识别技术的融合应用以进一步提高身份识别的整体安全性。

2. 虹膜识别

人的眼睛的结构由巩膜、虹膜、瞳孔、晶状体、视网膜等部分组成。虹膜在胎儿发育阶段就形成了，在人的整个生命历程中都会保持不变。这决定了虹膜特征的唯一性，同时也决定了身份识别的唯一性，所以每个人的虹膜都可以作为身份的识别对象。虹膜的高度独特性、稳定性及不可更改的特点，是虹膜可用作身份鉴别的物质基础。虹膜识别是当前应用最为方便和精确的一种。

目前，虹膜识别的误识率可以做到低至百万分之一，这得益于虹膜的不变性和差异的特征。但由于成本以及对产品端的要求限制，其落地速度比较缓慢，不过，随着政府机关及金融机构开始重视虹膜识别，其落地速度正在逐渐加快。智慧识别的下一步或将是人脸和虹膜的结合。总之，生物识别本身并不是完全的替代关系，更多的是组合甚至融合应用。

（1）虹膜识别技术原理和优势

虹膜识别是通过对比虹膜图像特征之间的相似性来确定人们的身份。虹膜识别技术的流程一般包含如下四个步骤，如图8-9所示。

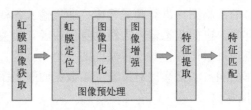

图8-9　虹膜识别流程

1）虹膜图像获取。

使用特定的摄像器材对人的整个眼部进行拍摄，并将拍摄到的图像传输给虹膜识别系统的图像预处理软件。需要说明的是，亚洲人和非洲人的虹膜是黑色或者棕色的；需要红外灯配合红外镜头才能取到可用于身份识别的虹膜图像。

2）图像预处理。

对获取到的虹膜图像进行如下处理，使其满足提取虹膜特征的需求。

虹膜定位：确定内圆、外圆和二次曲线在图像中的位置。其中，内圆为虹膜与瞳孔的边界，外圆为虹膜与巩膜的边界，二次曲线为虹膜与上下眼皮的边界。

虹膜图像归一化：将图像中的虹膜大小，调整到识别系统所设置的固定尺寸。

图像增强：针对归一化后的图像，进行亮度、对比度和平滑度等处理，提高图像中虹膜信息的可识别率。

3）特征提取。

采用特定的算法从虹膜图像中提取出虹膜识别所需的特征点，并对其进行编码。

4）特征匹配。

将特征提取得到的特征编码与数据库中的虹膜图像特征编码逐一匹配，判断是否存在与之相同的虹膜，从而达到身份识别的目的。

虹膜与人脸天然一体，为"虹膜+人脸"的多模态生物识别技术提供了先天条件和生存土壤，"虹膜+人脸"身份认证是各种生物特征中"精度最高、防伪性最优、便利性最好、整体性最佳"的不二选择。

稳定性：人类虹膜的独特性纹理特征在婴儿10个月的时候就已发育完成，并在人的一生中始终保持不变。

高精度：虹膜是目前学术界和产业界公认的准确性最高的生物特征识别技术，误差率可以控制到百万分之一以下。

灵活性：虹膜识别技术可轻松集成到现有的安全系统中，或作为一个独立系统工作。

无法伪造：目前，无论是采用录像、照片、假眼还是在隐形眼镜上打印纹理的方式，都无法攻破虹膜识别算法。

非接触采集：虹膜采集，可在 20 cm 之外非接触采集，不会交叉传播细菌和病毒，洁净卫生。

（2）虹膜识别在安防领域中的应用

虹膜信息可用于精准身份认定，用于刑侦破案、安保、打拐、出入境、监所、铁路与民航等多个领域。可识别使用伪假证件的可疑人员；可识别易容化装、整容、遮挡面容、伪假指纹的可疑人员，可识别修改户籍登记的人员，关联家族家系成员等。其中的典型应用案例如下。

1）机场高铁：人证核验。

机场和高铁站，是远距离虹膜识别设备最好的应用场景。在 1~1.5 m 距离，远距离虹膜采集设备可采集到高清晰度的双眼虹膜图像，并配合身份证完成高精度人证核验。

2）监狱看守所：门禁管理。

监狱和看守所管理要求严格，所以需对进入监狱和看守所的人员实行全方位的身份识别和活动点轨迹的监控。

3）银行高端系统：金库安保。

根据业务流程灵活配置、调整用户权限，实现管理端对所有网点端的联网集中管控，由此可建立安全等级极高的金库门禁系统。

3. 行为识别

传统的视频监控模式，在大多时候只能用于事后取证，无法起到预防、预警的作用。这些限制因素使视频监控系统或多或少的存在误报和漏报现象多、报警响应时间长、录像数据分析困难等缺陷，进而导致整个系统安全性和实用性的降低，无法满足安防监控需求。面对人脸识别的局限，行为识别以其具有非接触性和非侵入性等特点从众多技术中脱颖而出，成为目前生物特征识别领域的一匹"黑马"。行为识别通过身体体型和行走姿态来识别目标的身份，不需要人为配合，能够适应更为普遍的应用场景，特别适合用来进行远距离身份识别。AI 行为识别功能一般是用于智能摄像机，管理后台根据人的姿态特征和肢体运动轨迹，计算出各种人的异常动作行为，并进行提前预警。系统在触发预警后，会自动存储事件的相关信息，包括事件截图、事件录像、抓拍截图等基础信息，并通过对这些基础信息的统计和分析，提供风险指数、防控能力、应急处置等信息。

（1）行为识别技术及常见步骤

行为识别根据人体骨架结构，以关节为运动节点，利用高清网络摄像机抓拍并勾勒出人体骨架图形，通过后台大数据分析计算，从而判断出人的运动轨迹，结合系统设定的参数值，识别出人的动作行为，并通过后台预警，从而达到主动防御和提前预判的目的。行为识别的常见步骤如下：

1）对视频中的人体进行姿态估计，提取视频每帧中的人体关节点位置坐标。

2）根据每帧人体关节点位置坐标，计算相邻两帧的人体关节点距离变化量矩阵。

3）将视频进行分段，利用每段视频的距离变化量矩阵生成视频特征。

4）将数据集中的视频分为训练集和测试集两部分，用训练集的视频特征训练分类器，利用训练好的分类器对测试集中的视频进行分类。

随着深度学习架构模型的不断演进，目前，根据不同问题的解决思路，行为识别分成了三个流派分支，分别是 Two-stream 方法（双流法），C3D 方法（三维卷积网络法）以及 CNN-LSTM 方法（卷积循环神经网络法）。深度学习方法的流程如下：数据载入与数据预处理→网络构建→分类函数与损失函数定义→优化器定义→训练与验证过程→测试过程。

（2）行为识别在安防领域中的应用

行为识别技术在不同安防领域，发挥着不容小觑的作用，助力智能安防行业迈向更高的层次。

在安防监控方面，主要考虑监控视频的结构化设计，以便于对人员进行检索和布控，同时也可以使用行为监控系统实现关注区域入侵绊线检测、异常奔跑检测、人群密度分析及人群聚集警告等。

在交通安防方面，行为识别可以在智能交通中广泛应用，例如，可以实现十字路口的行人预警，当在路口斑马线检测到行人时，进行动态提醒，减少交通事故；行人闯红灯抓拍；行人过街通道动态控制；行人上高速公路和城市快速路主路预警；司机的疲劳驾驶和违规动作识别等。对于即将到来的自动驾驶时代，行人检测也是非常重要的一环。

轨道交通的主要功能是传送乘客，因而对行人检测的需求量最大，包括站台和通道的人数统计、人群密度分析、异常奔跑事件、入侵绊线检测、人群聚集检测等。此外还可以用于自动检测车厢内的老人和小孩，并提醒让座。

在养老方面，最重要的是要关注老人的安全，因而可以应用本系统实现老人的跌倒检测、老人的活动量分析（进而分析出老人的精神状态及身体变化趋势）等。

在旅游景区方面，旅游景区特别关注每日的游客数量，以及重点区域的游客密集程度，以防止踩踏事件发生，通过行为监控系统可以为旅游景区实现出入口的人数统计，重点区域人群密度分析以及人群密度异常警告，可以为旅游景区提供可靠的数据和风险提醒。

在安全生产方面，安全生产中佩戴安全帽、穿工作服是规定要求，因而可以通过行为监控系统实现工作人员的安全帽佩戴情况检测，穿着工作服的检测等。除此之外，也可以实现一些工作人员的异常倒地检测、异常攀爬检测等。

8.2.2 物体（特征）识别技术

随着物联网技术的发展，越来越多的设备获得智能化升级，而要实现对于物体和设备的识别、追踪，就需要用到物体识别技术。物体识别的任务是识别出图像中有什么物体，并报告出这个物体在图像中的位置和方向。

1. 物体识别的主要技术及流程

传统的物体识别的基本方法都可以集中为基于模型匹配的物体识别。基于模型的物体识别方法首先需要建立物体模型，然后使用各种匹配算法从真实的图像中识别出与物体模型最相似的物体，它的主要任务就是要从二维或三维图像抽取的特征中，寻找出与模型库中已建好的特征之间的对应关系，以此来预测物体是什么，如图8-10所示。

（1）图像的预处理

预处理是尽可能在不改变图像承载的本质信息的前提下，使得每张图像的表观特性（如颜色分布，整体明暗，尺寸大小等）尽可能的一致，主要完成模式的采集、模数转换、滤波、消除模糊、减少噪声、纠正几何失真等操作。

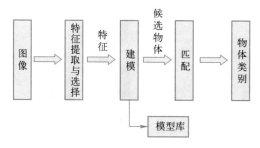

图 8-10 基于模型的物体识别方法

（2）特征提取

特征提取是物体识别的第一步，也是识别方法的一个重要组成部分，好的图像特征使得不同的物体对象在高维特征空间中有着较好的分离性，从而能够有效地减轻识别算法的负担，达到事半功倍的效果。包含图像特征、图像颜色、图像纹理、图像形状及空间特征提取等。

（3）特征选择

在提取了所要的特征之后，接下来的一个可选步骤是特征选择。特别是在特征种类很多或者物体类别很多，需要找到各自的最适应特征的场合。严格来说，任何能够在被选出的特征集上工作正常的模型都能在原特征集上工作正常，但进行了特征选择则可能会丢掉一些有用的特征；不过由于计算上的巨大开销，在把特征放进模型训练之前还需进行特征选择。

（4）建模

一般物体识别系统的成功，关键在于属于同一类的物体总是有一些地方是相同的。所以给定特征集合，提取相同点，分辨不同点就成了模型要解决的问题。因此可以说模型是整个识别系统的成败之所在。对于物体识别这个特定课题，模型主要建模的对象是特征与特征之间的空间结构关系；主要的选择准则，一是，模型的假设是否适用于当前问题；二是，模型所需的计算复杂度是否能够承受，或者是否有更高效精确的替代算法。

（5）匹配

在得到训练结果之后（在描述、生成或者区分模型中常表现为一簇参数的取值，在其他模型中表现为一组特征的获得与存储），接下来的任务是运用目前的模型去识别新的图像属于哪一类物体，并且尝试，给出边界，将物体与图像的其他部分分割开。一般，当模型取定后，匹配算法也就自然而然地出现。在描述模型中，通常是对每类物体建模，然后使用极大似然或是贝叶斯推理得到类别信息；生成模型大致与此相同，只是通常要先估出隐变量的值，或者将隐变量积分，这一步往往导致极大的计算负荷；区分模型则更为简单，将特征取值代入分类器即得结果。

2. 物体识别在安防领域中的应用——车牌识别

当前，物体识别系统在安防领域中最主要的应用为——车牌识别系统，如图 8-11 所示，车牌识别技术在安防行业的应用由来已久，技术相对成熟，人工智能的应用提高了车牌识别的准确率。车牌识别技术能够将运动中的汽车牌照从复杂背景中提取并识别出来，通过车牌提取、图像预处理、特征提取、车牌字符识别等技术，识别车辆牌号、颜色等信息。

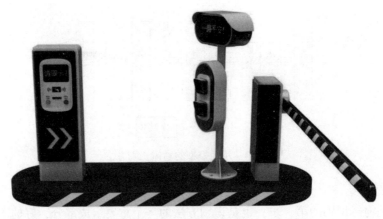

图 8-11　车牌识别场景

识别步骤为：

1）牌照定位，定位图片中的牌照位置。

2）牌照字符分割，把牌照中的字符分割出来。

3）牌照字符识别，对分割好的字符进行识别，最终组成牌照号码。

目前，通过基于卷积神经网络（CNN）的深度学习算法，使机器能够像人类一样不断进化，它能通过大量的车牌样本的训练和经验的累计沉淀，从而变得越来越聪明，即使在看不太清楚车牌的情况下，也能准确识别出车牌。

8.2.3　人流场景识别

公共场所是人们休闲娱乐的重要场所，尤其是在节假日，人流将更加集中，容易发生事故，极易出现群死群伤等恶性事故，所以对人流量的管控非常重要，人流量统计系统可实现对重要区域进行人流监控和报警，实时展示人流的分布，达到管控的目的。客流统

人流场景
识别

计是最近比较成熟和热门的一种智能应用，如图 8-12 所示。无论是商业、政府、学校、工地还是其他一些特别场合，人的数量都是一个非常重要的不可忽视的数据信息。

1）商业需要人来消费，研究客流数据是商业智能分析的一个核心组成部分。

2）政府需要对人流趋势进行调查和预测，所有的交通规划、公共服务都需要客流数据作为支撑。

3）工地、学校等需要自动人员计数来进行教学和生产过程的管理等。

（1）智能视频客流统计技术及构成

人流场景识别采用智能视频客流统计技术，即利用智能视频分析技术来实现客流统计，常见的实现方式分为三种。

1）基于双目视差原理的双目立体视觉客流统计技术：它利用两个垂直向下的摄像头的视野差，来计算出下方经过的目标的高度，并匹配其中与人体高度接近的（如 1.5~1.8 m）运动目标，统计其运动方向和数量。

2）基于运动目标检测的客流统计技术：它利用面对出入口通道的摄像头采集来的视频，分析其中的运动目标，并通过运动目标跨越虚拟线的方向和次数来判断人流的运动方向和数量。这也是国内绝大部分的厂商提供的技术。

图 8-12　人流场景识别

3）基于视频识别的模式匹配技术和运动跟踪技术来实现的客流统计技术：它利用垂直向下的摄像头来采集这个角度下人头、肩膀、头发等人体通用特征，通过模式匹配技术来进行视频识别，然后再利用运动跟踪技术来实现对人流的运动方向和数量的统计。

智能视频客流统计技术是一项非常复杂且具有挑战性的问题。该智能人数统计系统采用运动区域检测算法，从固定摄像头提取出运动区域，识别进入该区域和人体大小相似的个体，并记录为"一人通过"，当多个人短距离经过该区域时，采用人体大小的先验知识，把一个运动区域内分割为多个单人区域，从而对通过的人流量进行统计，其识别精准度普遍可达到 98% 以上。视频监控系统由下列三要素组成。

- 视频源：包括普通摄像机、人员密度筒机（筒型摄像机）、客流量统计摄像机。
- 接入服务器：用于接入态势分析服务器、客流密度摄像机和人员密度筒机。
- 人流量统计平台：支持人流量密度的展示、查询、统计、报警等应用。

（2）智能视频客流统计技术的应用

基于智能视频客流统计技术，现在已经发展和实施的应用包括：

1）商业客流统计：基于时间趋势和空间趋势，来统计和分析客流量在商业场合的时间分布、空间分布状况，以便为商业经营者提供更直观和有效的决策依据。

2）对矿井、生产车间等的出入人数进行统计和限制：通过嵌入式客流统计终端来统计进出矿井、生产车间等场合的人数，配合核对考勤记录，防止工人在复杂、危险场所迷失。

3）公交车辆、长途车辆以及校车的人数统计：通过对移动车辆上下车人数的实时分析，可以实现对公交车辆的动态调度决策、对长途车辆的中途上下客和收费进行监管、对校车的超载行为进行预警管理等。

4）KTV、网吧、电影院等经营性文化娱乐场所的场内人数超限管理：为了杜绝安全隐患，经营性文化娱乐场所的人均经营面积不得低于 $1.5\,\mathrm{m^2}$。政策的执行和监管可以通过客流统计来实现。

思考：

1. 人脸识别在身份认证方面已经被广泛应用。为了提高安全性，人脸识别通常要求几个表情的变换。请做一个试验，在认证时，提供自己预先采集的人脸视频，看看认证能否通过。

_____

_____

_____

2. 当有企业或组织提出有偿采集您的个人生物特征（例如虹膜信息）时，您将如何对待？

_____

_____

_____

【前沿概览】

"雪亮工程"是以县、乡、村三级综治中心为指挥平台、以综治信息化为支撑、以网格化管理为基础、以公共安全视频监控联网应用为重点的"群众性治安防控工程"。它通过三级综治中心建设把治安防范措施延伸到群众身边，发动社会力量和广大群众共同监看视频监控，共同参与治安防范，从而真正实现治安防控"全覆盖、无死角"。因为"群众的眼睛是雪亮的"，所以称之为"雪亮工程"。经过几年的建设，我国各地基本实现了"全域覆盖、全网共享、全时可用、全程可控"的公共安全视频监控建设联网应用。

目前，"雪亮工程"已进入提质扩面建设的新阶段，通过持续不断地推动新产品新技术融入"乡村平安"建设，逐渐构建起城乡统筹、网上网下融合、打防管控一体的乡村治安防控体系，为农村发展提供有力的安全保障，让广大农民的获得感、幸福感、安全感明显提高。

【巩固与练习】

一、填空题

1. （　　　　）是人工智能最早落地的领域。

2. 高清网络监控从逻辑上可分为（　　　　）、传输子系统及监控中心等几个部分。

3. 目前，视频存储方案有两种，一种是面向安防应用的虚拟化、集群化的视频（　　　　）系统；一种是性价比更优的 CVR 存储系统。

4. 现有的治安监控系统可实现基于深度学习的（　　　　）算法，实现系统的智能化升级。

5. （　　　　）具有身份识别的唯一性。

6. 行为识别有三种主流算法，分别是（　　　　）方法，C3D 方法（三维卷积法）以及 CNN-LSTM 方法（卷积循环神经网络）。

7. 物体识别系统在安防领域中最主要的应用为（　　　　）。

二、简答题

1. 简要比较人脸识别和虹膜识别的异同。

2. 简述智慧安防系统中边缘计算的意义？

3. 简介人脸图像预处理的方法步骤。

4. 寻找一个安防领域的中国企业，简介其产品特点。

5. 简介利用智能视频分析技术来实现客流统计的方法。

【学·做·思】

1. 列举生活中的智慧安防应用场景,分析其中所用到的相关人工智能技术。

智慧安防应用场景	相关人工智能技术

思考总结:

2. 组队参观学校的监控中心并体验学校教室视频监控系统，完成下列表格。

教室地点 （小组提供）	
摄像头种类 （小组提供）	
A 组位于监控大厅； B 组坐在教室的任意四个座位； 提供监控中心大屏实时监控该教室的情况。（小组提供，手机拍摄，时长不超过 1 分钟）	

同学，谈谈你对诚信考试的理解（个人作答）：

3. 调查研究学校的人脸特征识别平台的建设。

校内人脸识别装置地点	
该系统中人脸照片库的人脸数量	
功能用途（可多选）	□宿管；□查寝；□晚归；□在宿统计 □图书管理；□人流量统计；□区域权限管理 □校园门禁；□测温；□访客管理 □通行管理；□测温；□考勤信息 □食堂；□超市；□扣费 □其他
人脸识别几次通过？	
刷脸时是否存在无法识别的情况？ 你认为是什么原因？	

简述平台的人脸注册、人脸更新、人脸删除、人脸查询功能是如何实现的：

第 9 章 智慧医疗

【学习目标】
1. 初步了解人工智能技术在医疗健康领域的应用
2. 掌握智慧医疗相关技术组成及应用场景

【教学要求】
知识点：智慧医疗、诊断预测、健康管理
能力点：智慧医疗相关领域的技术表现与实现
重难点：切实感受人工智能技术给医疗行业带来的技术革新，从而思考人工智能技术与医疗的相结合，给保障人类健康带来的前景和应用创新

【思维导图】

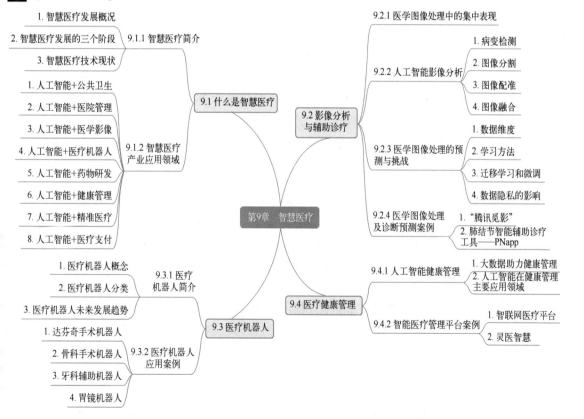

9.1 什么是智慧医疗

9.1.1 智慧医疗简介

智慧医疗，是通过打造健康档案区域医疗信息平台，利用最先进的物联网技术、先进的治疗和智能诊断技术，实现患者与医务人员、医疗机构、医疗设备之间的互动，逐步达到信息化。在不久的将来，医疗行业将融入更多人工智能、传感技术等高科技技术，使医疗服务走向真正意义的智能化，推动医疗事业的繁荣发展。

1. 智慧医疗发展概况

近年来，人工智能成为推动社会经济发展的新动力之一，在提高社会生产效率、实现社会发展和经济转型等方面发挥着重要作用。作为主导新一代产业变革的核心力量，人工智能在医疗方面展示出了新的应用方式，在深度融合中又催生出新业态。智慧医疗的迅速发展和普及，提高了医疗质量，降低了医疗成本，能够帮助医疗行业解决资源短缺、分配不均等众多民生问题。

全球的智慧医疗相对于制造业、通信传媒、零售、教育等人工智能应用领域来说，还处于早期阶段，商业化程度相对偏低，行业渗透率也较低。但是智慧医疗具有广泛的市场需求和多元的业务趋向，拥有广阔的发展空间。目前，市场规模高速增长，大量初创公司不断涌现。预计到2025年，医疗行业将占人工智能市场规模的五分之一。

1）医疗信息化。医疗信息化作为应用较早的领域，近两年在数字医疗和互联网医疗的基础上得到了大力发展。人工智能在医院大数据处理系统建设方面起到重要作用，各国在智能化电子病历管理、智能化药品服务管理、智能手术室管理等方面重点发力，医院通常选择与医疗技术供应商展开合作，共同打通数据壁垒，构建标准化数据集，确保机器学习拥有高质量的数据基础。在医疗信息化基础完善，医疗保障体系健全的国家，数据在完整性和延续性等方面具有优势，人工智能在医疗成本控制、系统化药械管理、智能化电子病历管理、远程医疗等方面，应用较为广泛。

2）智能诊疗和医疗健康管理。这是智慧医疗产品落地较为广泛的领域，日本将医疗健康管理和护理作为结合人工智能的突破口，旨在缓解本国严重的老龄化问题带来的压力。我国的人工智能健康管理事业起步较晚，但随着各种检测技术（如可穿戴设备、基因检测等）的发展，加之物联网大环境的促进，市场已进入了高速发展阶段。

3）药物研发。其结合人工智能起步稍晚，但市场规模较大，增速较快，目前占据人工智能医疗市场35%以上份额。我国目前的药物研发，以仿制药和改良药为主，国外药物研发则以创新药为主，由于存在算法技术优势和大量药物数据积累等诸多先发优势，目前，美国AI药物研发的发展速度较快，已有基于人工智能技术进行药物研发的多种新药上市，市场逐渐成熟。

4）医学影像。它与人工智能的结合是人工智能医疗的另一重要应用领域，也是近年来增速较快的领域，这一领域的发展在中美两国呈现不同特征，美国需要借助人工智能弥补其国内明显短缺的放射技师数量，而我国则对跨平台影像云技术支持的需求更加迫切。除中美外，以色列在人工智能医疗影像分析方面也处于世界领先水平。

5）其他方向。人工智能医疗在手术机器人、精准医疗等领域也逐步落地应用，发展前景较好，从全球格局来看，中美两国人工智能医疗发展并驾齐驱，日本、英国和以色列等国家紧随其后。

智慧医疗目前已在药物研发、医疗机器人、医学影像、辅助诊断等方面全方位布局。随着以深度学习为代表的人工智能技术，不断带来技术和产品的重大突破，出现了人工智能技术与医疗健康领域深度结合的迹象。这种深度结合主要靠医疗与科技界的巨头公司推动，总体来看，科技巨头主导着人工智能在医疗领域的前沿应用发展。亚洲的人工智能与医疗的结合需求重点在于辅助诊断、患者虚拟助手、医学影像分析等方面，医药开发相对落后。我国在影像识别和辅助诊断领域的应用较为广泛，其他应用场景业也在迅速发展，展现出多元发展态势，在多个层面都取得了显著成果。

2. 智慧医疗发展的三个阶段

人工智能赋能医疗行业的发展路径可归结为"计算智能—感知智能—认知智能"三个阶段。

1）计算智能是人工智能医疗发展的初期阶段，在这一阶段，人工智能主要表现为对医疗行业的算力支持，通过计算机获取海量医疗数据资源，对数据进行整合、处理、分析，是实现精准医疗、智能医疗的重要保障。

2）感知智能是机器接收外界信息、实现人机交互的能力。机器对于外界信息的感知主要通过将图像、声音、文字等信息转化为数字形式进行记忆和学习，并依据相关算法进行推理和决策。在人工智能医疗领域主要体现为对影像、声音等多维度医疗信息的识别和处理，从而帮助医生快速诊断，大幅提高医生诊疗效率。

3）认知智能是人工智能医疗更深一步的发展，通过机器自我学习，进行有目的的推理优化决策系统，实现人机互动，辅助或者部分替代医生完成医疗诊断工作。在这个阶段，人工智能的计算能力和认知能力都大幅提高，所处理的数据由健康保健向临床医疗及前沿科研等更为复杂的多元方向拓展，将人工智能应用于医疗生态的方方面面，利用深度学习技术对医疗数据资源进行多维度推理，使人工智能医疗从感知智能向认知智能过渡。

从整体来看，我国人工智能医疗发展历经计算智能阶段，目前正处于从感知智能向认知智能过渡的发展阶段，不同细分领域的技术发展情况和落地应用成熟度有所不同。AI 医学影像是人工智能在医疗领域应用最为广泛的场景，率先落地、率先应用、率先实现商业化。手术机器人、药物研发、精准医疗等领域已有部分落地应用，但因成本或技术原因，尚未实现规模化普及，未来增长空间较大。在新的医疗形势下，人工智能在公共卫生领域特别是传染病的预防与控制方面发挥了重要作用，传染病大数据分析预警系统、传染病排查系统、智能测温机器人、消毒机器人、语音服务机器人等在传染病防控一线被广泛应用。

3. 智慧医疗技术现状

智慧医疗技术的发展水平与人工智能技术的发展程度息息相关，而人工智能技术的发展分为计算智能、感知智能、认知智能，需要依托算力、算法、通信等多方面的支持。

1）计算智能技术为医疗大数据的处理提供保障。人工智能在计算海量医疗数据资源时，需要依托强大的数据处理数据储存设备。目前我国医疗大数据的发展速度较快，医疗领域的数字化进程提速，医疗大数据产业在政府的引导下通过市场运作方式为医疗的发展提供动能。作为新基建的重要组成部分，我国大力推动大数据产业的发展，目前已规划建设多座国家数据中心，助力大数据产业。在医疗数据领域，2019 年，我国已将福建、江苏、山东、安徽、贵州、宁夏等省、自治区的国家健康医疗大数据中心与产业园建设为国家试点，为医疗大数据的发展提供基础设施保障。

2）感知智能技术在影像识别上发展迅速。目前我国人工智能医疗在医学影像领域发展较快，究其根本在于医疗资源缺乏，现有的医生数量无法满足患者的医学影像诊断需求。而人工智能技术对影像的识别能力较强，能够帮助医生提高诊疗效率，且其市场需求量大，发展场景广阔。在肺结核领域，我国已有依图科技、图玛深维等多家企业能够提供智能 CT 影像筛查服务，并自动生成病例报告，可帮助医生快速检测，提高诊疗效率。

3）认知智能技术在机器学习能力继续探索。由于机器的深度学习依托于概率分析，而对于疾病的诊治和治疗需要考虑复杂的影响因素，是一个动态的决策过程。因此，人工智能技术被较多应用于疾病筛查，帮助医生进行初步诊断，我国人工智能医疗在认知智能方面仍存在较大的探索空间。

以美国为代表的欧美发达国家，人工智能医疗技术发展相对成熟，尤其在其底层技术方面相对领先。美国、英国等国家，掌握人工智能芯片研发领域核心技术，人工智能芯片市场份额大多被欧美公司占据。在应用方面，欧美等国的人工智能医疗应用场景也相对丰富，人工智能技术与医疗领域的融合度更高。在健康管理、药物研发、疾病诊断、辅助治疗、医疗机器人等多个领域均有应用。

9.1.2 智慧医疗产业应用领域

1. 人工智能+公共卫生

人工智能+公共卫生即将人工智能技术应用于公共卫生领域之中。主要包括的内容有，传染病防控、健康宣教、卫生监督、疫苗接种等，见图 9-1。

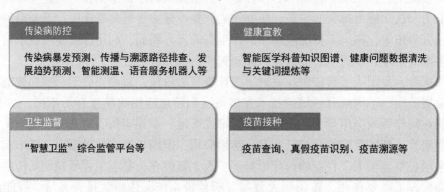

图 9-1　人工智能在公共卫生领域的应用

2. 人工智能+医院管理

通过人工智能加速自身管理变革，加速医院数字化转型进程，将医护人员从繁杂重复的行政工作中解放出来，可以缓解医疗资源不足的问题，提高医院整体运行效率；同时，人工智能基于深度学习和大数据分析，亦可为医院管理者提供决策支持，见图 9-2。

3. 人工智能+医学影像

AI 医学影像是人工智能在医疗领域应用最为广泛的场景，率先落地、率先应用、率先实现商业化，见图 9-3。

人工智能+医院管理

缓解医疗资源不足的问题，提高医院整体运行效率，为医院管理者提供决策支持

电子病历管理
利用数字化手段保存、管理、传输和重现病人医疗记录

智能导诊与分诊
利用导诊机器人指导患者就医，引导分诊，分担医院压力

质量管理
器械设备与药品智能化闭环管理，手术等医疗过程质量管理

精细化运营
智能化病房管理，绩效管理，人力财税等综合后台管理

图 9-2　人工智能在医院管理领域的应用

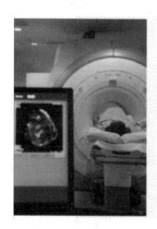

病灶识别与标注
图像分割、特征智取、定量分析和对比分析

靶区自动勾画与自适应放疗
肿瘤放疗环节进行自动勾画与位置追踪

影像三维重建
断层图像配准，在病灶定位、病灶范围、恶性鉴别、手术方案设计等方面发挥作用

图 9-3　人工智能在医学影像诊断的应用

4. 人工智能+医疗机器人

医疗机器人是机器人细分领域之一，特指用于医院、诊所、康复中心等医疗或辅助医疗机器人。可分为手术机器人、康复机器人、辅助机器人、医疗服务机器人四大应用领域，见图 9-4。

5. 人工智能+药物研发

药物研发主要包括药物发现、临床前研究、临床研究以及审批上市四个阶段。在药物研发的过程中，引入人工智能技术，利用深度学习技术对分子结构进行分析与处理，在不同的研发环节建立拥有较高准确率的预测系统，可以减少各个研发环节的不确定性，从而缩短研发周期，降低试错成本，提高研发成功率，见图 9-5。

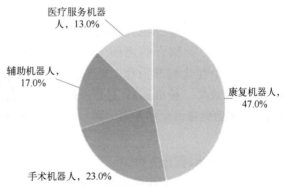

医疗服务机器人，13.0%
辅助机器人，17.0%
康复机器人，47.0%
手术机器人，23.0%

图 9-4　我国医疗机器人市场结构

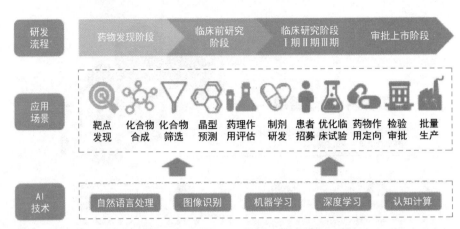

图 9-5 人工智能在新药研发中的应用

6. 人工智能+健康管理

将人工智能应用到健康管理的具体场景中，通常与互联网医疗紧密结合，被视为互联网医疗的深化发展阶段。目前人工智能主要应用于风险识别、虚拟护士、精神健康、移动医疗、可穿戴设备等健康管理领域，见图9-6。

图 9-6 人工智能在健康管理领域的应用

7. 人工智能+精准医疗

精准医疗是以个人基因组信息为基础，结合患者的个性化生活习惯和生活环境，为其提供定制化治疗解决方案的新型医学模式。其本质是利用基因组特征、人工智能与大数据挖掘、基因检测等前沿技术，对大样本人群和特定疾病类型进行生物标记分析与鉴定，找到精确发病原因和作用靶点，并结合病患的实际身体状态，开展个性化精准治疗，提高疾病预防与治疗效果。精准医疗主要包括基因测序、细胞免疫治疗和基因编辑三个层次，见图9-7。

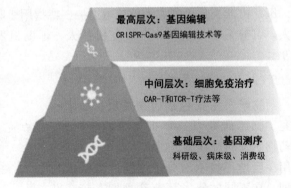

图 9-7 精准医疗的三个层次

8. 人工智能+医疗支付

该应用的落地与深化受政策导向明显，现阶段主要应用在医保支付、商保支付、众筹互助支付、医疗分期和支付工具等多个领域，见图9-8。

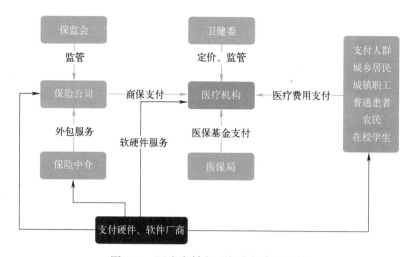

图 9-8　医疗支付主要方式与参与主体

思考：

通过智慧医疗技术的发展与应用，思考如何更好地服务于"人民至上、生命至上"这一使命担当。

9.2 影像分析与辅助诊疗

9.2.1 医学图像处理中的集中表现

医学图像处理的对象是各种不同成像机理的医学影像，临床广泛使用的医学成像种类主要有 X-射线成像（X-CT）、核磁共振成像（MRI）、核医学成像（NMI）和超声波成像（UI）四类。在目前的影像医疗诊断中，主要是通过观察一组二维切片图像去发现病变体，这往往需要借助医生的经验来判定。利用计算机图像处理技术对二维切片图像进行分析和处理，实现对人体器官、软组织和病变体的分割提取、三维重建和三维显示，可以辅助医生对病变体及其他感兴趣的区域进行定性甚至定量的分析，从而大大提高医疗诊断的准确性和可靠性；在医疗教学、手术规划、手术仿真及各种医学研究中起到重要的辅助作用。目前，医学图像处理主要用于病变检测、图像分割、图像配准及图像融合四个方面。

9.2.2 人工智能影像分析

在医学成像中，疾病的准确诊断和评估取决于医学图像的采集和图像解释。对医学图像的解释大多数都是由医生进行的，然而医学图像解释的准确度受到医生主观性、医生差异认知和疲劳度的限制。近年来，图像采集已经得到了显著改善，设备可以更快、更清晰地采集数据。

然而，图像解释的过程，最近才开始引入计算机技术。

深度学习是人工神经网络的改进，由更多层组成，允许更高层次包含更多抽象信息来进行数据预测。迄今为止，它已成为计算机视觉领域中领先的机器学习工具，深度神经网络学习自动从原始数据（图像）获得中级和高级的抽象特征。研究结果表明，从卷积神经网络（Convolutional Neural Networks，CNN）中提取的信息，对在自然图像中的目标识别和定位非常有效。世界各地的医学图像处理机构已经迅速进入该领域，并将 CNN 和其他深度学习方法应用于各种医学图像分析。

医学图像处理

1. 病变检测

病变检测是医学图像分析有待完善的领域，并且非常适合引入深度学习。通常对病变位置的计算机检测方法是分阶段的，首先对大量数据图像进行特征描述。然后通过类器将特征向量映射到候选区预测实际病变的概率。如果采用深度学习的方法则是将一组数据图像来训练卷积神经网络（CNN），然后去测试图像数据，确定病变位置。

2. 图像分割

医学图像分割就是一个根据区域间的相似度，把图像分割成若干区域的过程。目前，主要以各种细胞、组织与器官的图像作为处理的对象。传统的图像分割技术分为基于区域的分割方法和基于边界的分割方法，前者依赖于图像的空间局部特征，如灰度、纹理及其他像素统计特性的均匀性等，后者主要是利用梯度信息来确定目标的边界。近年来，基于器官超声检查的大规模数据集，结合深度学习和边缘空间学习进行医学图像检测和分割。将"大参数空间的有效探索"和在深度网络中实施稀疏性的方法相结合，可大大提高计算效率，并且与同一组发布的参考方法相比，平均分割误差也大为减少。

3. 图像配准

图像配准是图像融合的前提，是公认难度较大的图像处理技术，也是决定医学图像融合技术发展的关键技术。在临床诊断中，单一模态的图像往往不足以提供医生所需要的所有信息，常需将多种模式或同一模式的多次成像通过配准融合，来实现目标区域的信息互补。在一幅图像上同时表达来自多种成像源的信息，医生就能做出更加准确的诊断或制定出更加合适的治疗方法。现在，科研工作者将基于深度学习的网络结构表示方法，用于多模态医学图像配准，提供了更低的目标配准误差和更令人满意的结果。

4. 图像融合

图像融合的主要目的是通过对多幅图像间的冗余数据的处理来提高图像的可读性，通过对多幅图像间的互补信息的处理来提高图像的清晰度。多模态医学图像的融合，把有价值的生理功能信息与精确的解剖结构结合在一起，可以为临床提供更加全面和准确的资料。在图像融合技术的研究中，不断有新的方法出现，其中小波变换、基于有限元分析的非线性配准，以及人工智能技术在图像融合中的应用将是今后图像融合研究的热点与方向。随着三维重建显示技术的发展，三维图像融合技术的研究也越来越受到重视，三维图像的融合和信息表达，也将是图像融合研究的一个重点，见图 9-9。

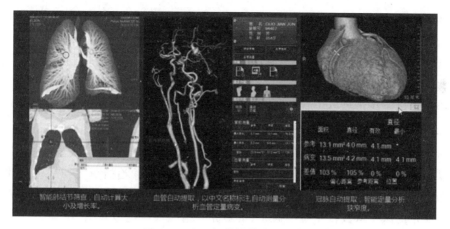

图 9-9　人工智能影像分析示例

9.2.3　医学图像处理的预测与挑战

1. 数据维度问题——2D 与 3D

在迄今为止的大多数工作，是在二维（2D）图像中进行处理分析的。人们常常质疑向三维（3D）过渡是否是迈向性能提高的重要一步。数据增强过程中也存在若干变体，包括 2.5D。

2. 学习方法——监督与无监督

目前，大多数工作都集中在受监督的卷积神经网络上，以实现分类。但也有一些工作集中于无监督方案，这些方案主要表现为图像编码。后期，结合卷积分类和受限玻尔兹曼机（Restricted Boltzmann Machine，RBM）的生成和判别学习目标将完全胜过生成性学习。

3. 迁移学习和微调

在医学成像领域中获取与深度学习网络一样全面拥有注释的数据集仍然是一个挑战。当没有足够的数据时，迁移学习和微调，将会更好地胜任学习任务。

4. 数据隐私的影响

在医疗保健数据不断增加的同时，研究人员面临如何加密患者信息以防止其被盗用或披露的问题。同时带来的问题是限制访问数据可能遗漏非常重要的信息。

9.2.4　医学图像处理及诊断预测案例

1. 腾讯 AI 医学影像产品——"腾讯觅影"

"腾讯觅影"是腾讯首款人工智能与医学结合的 AI 医学影像产品，AI 医学影像运用计算机视觉和深度学习技术对各类医学影像（内窥镜、病理、钼靶、超声、CT、MRI 等）进行学习训练，致力于实现对早期食管癌、宫颈癌、早期肺癌、乳腺癌及乳腺癌淋巴切片病理图像、糖尿病性视网膜病变等多个病种的筛查，从而有效地辅助医生诊断和重大疾病早期筛查等任务。

从临床上来看，"腾讯觅影"的敏感度已经超过了 85%，识别准确率也达到 90%，特异度更是高达 99%。临床实验表明，其对早期食管癌的筛查准确率高达 90%，对早期肺癌的识别准确率已达到85%以上，筛查一个内镜检查，用时不到4秒，病理筛查已达到了科学辅助标准，可以快、稳、准的帮助医生筛查癌症。

据了解，在全产业链合作方面，"腾讯觅影"已经与中国多家三甲医院建立了人工智能医学实验室，那些具有丰富经验的医生和人工智能专家也联合起来，共同推进人工智能在医疗领域的真正落地，进一步推进人工智能在医疗中从辅助诊断到应用于精准医疗的发展。

2. 肺结节智能辅助诊疗工具——PNapp

微医–肺结节诊疗中心主任及首席专家白春学教授（中国肺癌防治联盟主席、呼吸学科带头人）牵头制定了"中国肺结节诊治共识"和"亚太肺结节诊治指南"，并依托于物联网，研发出肺结节智能辅助诊疗工具——PNapp，打造出了极具特色的PNapp 5A诊疗流程。

PNapp能帮助医生从数百张薄层胸部CT影像中精准快速定位肺结节，根据国际影像临床标准、中国肺结节诊治共识和亚太肺结节诊治指南，给出风险概率评估，为肺结节诊断提供客观的影像数据支持。这有效降低了漏诊、误诊的发生概率，显著提升了肺结节良恶性的鉴别能力。该工具每年诊断早期肺癌二十万例以上，对小于10 mm肺结节良恶性鉴别准确率达90%。

自2019年起，微医就联合浙江大学共同研发睿医智能医生，这是一个基于人工智能、大数据、云计算等数字技术开发而成的医学影像辅助诊断系统。现在，该系统已经在眼底疾病、肺小结节、阴道镜宫颈癌、胃癌病理、小儿骨龄等十余个病种上取得了突破性进展。未来，医学影像数据智能分析技术带来的阅片方式将更加贴合医生的日常阅片习惯和实际临床需求，不断增强使用的友好度、降低使用的学习成本，产品功能方面也将向横、纵向拓宽，以达到更高效的癌症病例的判断与诊疗。

思考：

通过查询资料，进一步了解深度学习中，监督与无监督学习方法、迁移学习等概念。

_____

_____

_____

_____

9.3 医疗机器人

9.3.1 医疗机器人简介

1. 医疗机器人

医疗机器人是指用于医院、诊所的医疗或辅助医疗的机器人。医疗机器人是一种智能型服务机器人，通过独自编制操作计划，并依据实际情况确定动作程序，然后把动作变为操作机构的运动，同时，具备医用性、临床适应性以及良好的交互性。

医疗机器人能够辅助医生和扩展医生的能力，具有减少误差、更具安全性、可以模拟手术、实现全面护理的作用，在机器程序的设定下，其速度、准确性、可重复性、可靠性以及成本效益等方面相比传统医护人员更具优势，一个机器人不管用得多久，都不会疲劳，它在第一百次使用时的准确性，也与第一次使用时一样。

2. 医疗机器人分类

虽然医疗机器人在机器人应用中是一个相对较小的细分市场，但作为单位价值最高的服务型机器人，医疗机器人成为当前机器人行业和医疗行业发展和投资的热点。根据国际机器人联合会（IFR）分类，医疗机器人可以分为手术机器人、康复机器人、辅助机器人、服务机器人四大类，具体的用途和细分产品见表 9-1。

表 9-1　医用机器人的分类

类　　型	用　　途	细分产品
手术机器人	由外科医生控制，可用于手术影像导引和微创手术末端执行	外科手术机器人、放疗机器人、骨科机器人、血管介入机器人、腔镜机器人等
康复机器人	辅助人体完成肢体动作，用于损伤后的康复、提升老年人和残疾人运动能力	悬挂式康复机器人、外骨骼机器人、护理机器人等
辅助机器人	在医疗过程中起到辅助帮助作用	胶囊机器人、配药机器人、诊断机器人、远程医疗机器人等
服务机器人	提供非治疗辅助服务，减轻医护人员重复性劳动	医用物流机器人、消毒杀菌机器人、移送病人机器人等

3. 医疗机器人未来发展趋势

（1）产品的人机交互、感知认知能力更加精确

医疗机器人强调人与机器的交互，通过触觉和视觉相互反馈，不断增加现实感和真实感。在互动过程中，更高分辨率的传感器将提高精确度。通过多模型交互、三维传感及其他技术手段，提高辨识率；通过与 AR 技术的结合，识别物体和环境，让机器人做出动作和反应。医疗机器人的认知能力和学习能力也将不断提高，包括知识的认知，推理语态、态势感知等。

（2）单孔手术、纳米靶向、柔性机器人等新型机器人兴起

单孔腔镜手术机器人相对多孔腔镜机器人具有创口更小、费用更低的特点，未来可能成为打破达·芬奇多孔手术机器人市场垄断的新型手术机器人产品。北美、欧盟、日韩相继对单孔手术机器人研究立项，我国上海交通大学在单孔机器人开发上领先全球，有望成为我国在医疗机器人产业实现弯道超车的新兴细分领域。

目前医用微型机器人以胶囊机器人为代表，随着技术的不断发展，纳米靶向机器人通过磁场控制和血管注入，可将药物靶向输送至人体病灶区域。我国哈尔滨工业大学和天津大学在纳米靶向机器人领域已有重要研究成果问世，此项技术有望率先运用于尿路和眼球等组织，将成为癌症等治疗领域的颠覆性新技术。人体结构复杂，而柔性机器人的特点使它可以在人体狭小的空间内操作得更加便利。

（3）医生与产业的结合将更加深入

医生是医疗机器人的直接使用者，所以医疗机器人的研发人员应与医生深度沟通功能需求、安全性要求及手术的方式与过程，在明确需求后确定设计输入、规划实现方式、形成工程语言。双方结合设计方案进行论证，不断修改、迭代与完善。形成设计方案后，医生同时也参与到技术测试、评价与修改中。

（4）产品监管将不断优化

医疗机器人作为医疗设备产品，面临非常严格的医疗产品准入机制。一方面，认证时间较长，因为治疗机器人的临床试验至少需要 2~3 年时间；另一方面，认证不具有跨区域通用性，

国际、国内各地区均有不同的本地化认证体系（美国 FDA、欧洲 CE、中国 CFDA 等），这极大地增加了医疗机器人产业化的难度。目前，部分地区对一些创新性强、安全度高的医疗机器人产品敞开了认证绿色通道。未来各国将不断优化监管机制，更好地平衡医疗机器人的安全性与市场性，提高产业转化效率。

9.3.2 医疗机器人应用案例

1. 达·芬奇手术机器人

医学图像处理
预测与挑战

2015 年 2 月 7 日，手术机器人"达·芬奇"在武汉协和医院完成湖北省首例机器人胆囊切除术。达·芬奇机器人（见图 9-10）由三部分组成，按人体工程学设计的医生控制台，床旁四机械臂系统，高清晰三维视频成像系统。与传统手术相比，使用达·芬奇机器人进行手术有三个明显优势：突破了人眼的局限，使手术视野放大 20 倍；突破人手的局限，可实现 7 个维度的操作，还可防止人手可能出现的抖动现象；无需开腹，创口仅 1 cm，出血少、恢复快，术后存活率和康复率大大提高。

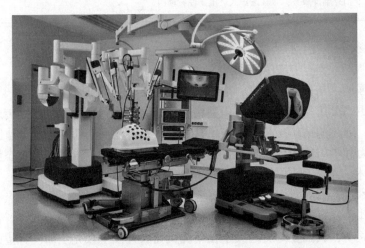

图 9-10　达·芬奇手术机器人

此外，机器人手术通过三维成像，可以放大 4~10 倍，再小的血管、再细的纤维，也能看得清楚，可方便医生及时做出判断。它还有使用范围广、减少手术工作人员、节省医生体力、远程手术和方便教学等优点。

达·芬奇手术机器人是目前世界上最先进的用于外科手术的机器人，最开始的目的是用于外太空的探索，为宇航员提供医疗保障，提供远程医疗。截至 2020 年，全球达·芬奇手术机器人累计装机 5000 余台，全球整体累计装机量稳步提升。

2. 骨科手术机器人

骨科手术机器人比较著名的有 ROBODOC 手术系统，该系统由已并入 CUREXO 科技公司的 Integrated Surgical Systems 公司发布。

ROBODOC 关节手术机器人（见图 9-11）能够完成一系列的骨科手术，如全髋关节置换术及全膝关节置换术（THA&TKA），也可用于全膝关节置换翻修术（RTKA），其包括两个组件：一个是配备了三维外科手术前规划专有软件的计算机工作站 ORTHODOC(R)，以及一个用于髋、膝置换术精确腔和表面处理的计算机操控外科机器人 ROBODOC（R）Surgical Assistant。该设备已经广泛用于全球，并完成了 20000 多例外科手术。

MAKO Surgical 公司的 RIO（Robotic Arm Interactive Orthopedic）关节手术机器人系统（见图 9-12），2015 年获得美国 FDA 许可。RIO 机器人系统同样采用主动约束的控制方式来实现关节切除术，在机械臂设计中其更注重人机交互操作的柔顺性，机械臂具有六个自由度，采用丝传动结构设计，通过各自由度的平衡设计，实现机器人的柔顺交互操作。

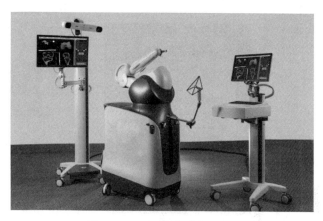

图 9-11　ROBODOC 关节手术机器人　　　　图 9-12　RIO 关节手术机器人

Mazor Robotics 的 SpineAssist 机器人系统，是最早实现临床应用的脊柱外科手术机器人。该系统采用六自由度 Stewart 并联机构构型，直径 50 mm，高 80 mm，重 250 g，重复定位精度 0.01 mm。该公司被美敦力收购后，2016 年推出 MazorX Stealth 机器人系统、ROSA 机器人系统和 ExcelsiusGPS 机器人系统，同样都是采用并联机器人机构的脊柱外科手术机器人（见图 9-13）。

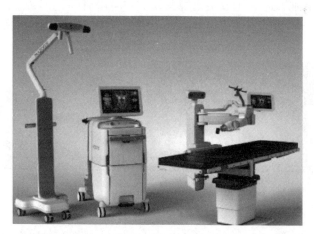

图 9-13　脊柱外科手术机器人

3. 牙科辅助机器人

牙科辅助机器人是手术机器人的另一个细分市场。目前应于市场的有牙齿美容机器人和义齿机器人。义齿机器人（见图 9-14）利用图像、图形技术来获取患者的口腔信息，并生成无牙颌患者的口腔软硬组织计算机模型，利用自行研制的非接触式三维激光扫描测量系统来获取患者无牙颌骨形态的几何参数，采用专家系统软件完成全口义齿人工牙列的计算机辅助统计。

Sinora 齿雕机器人（见图 9-15）是一款比较典型的牙齿美容机器人，其突破了传统的牙齿修复方法，利用数字化口腔修复网络平台，经 3D 智能数字化技术系统直接设计，避免因材料或人为操作所造成的误差，不会发生规定混合物、印模和设定时间有错误或不符的现象，将诊断、拍摄、设计、制作、试戴在一个区域内完成，一气呵成。例如，过去需要一周时间来制作的全瓷牙，现在仅需要 1 h 左右就能完成，"纯"打磨时间仅需要 8~10 min，是目前最高效、最安全的牙齿美容技术。

 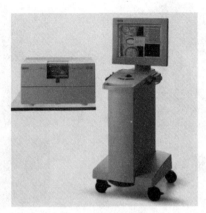

图 9-14　义齿机器人　　　　　　　　图 9-15　齿雕机器人

4. 胃镜机器人

胃镜机器人（见图 9-16）和手术机器人同属医疗机器人，区别是，两者以不同的方式进行"手术"。目前，胃镜机器人以胃镜胶囊机器人为主。患者只需吞下一颗普通胶囊药物大小的胶囊内镜机器人，医生就能借此检查胃和小肠。该胶囊内镜机器人集成了各种各样的传感器，采用独创的磁场控制技术，把胶囊内镜变成了"有眼有脚"的机器人。由于其体积很小，进入体内毫无异物感与不适感，这可以消除患者紧张、焦虑的情绪，极大提高了受检者对检查的耐受性。

图 9-16　胃镜机器人

思考：
对国内外医疗机器人做调查对比，体会提高关键核心技术创新能力的重要性。

9.4　医疗健康管理

9.4.1　人工智能健康管理

1. 大数据助力健康管理

人工智能在医疗领域得以迅速应用和发展的关键，在于医疗大数据的积累和数据库的发展。而这些数据并不仅仅产生于医学影像的获得或者医院诊断的信息录入，还会在人们的日常生活中随时随地产生。因此，未来的医疗大数据实际上是在人们对自身进行日常健康管理的过程中产生的。

在此基础上，通过人工智能的算法，人们不仅可以对个人的健康状况进行精准化的把握，还可以通过大数据把握传染性和季节性疾病的发展状况，从而做出相应的应对措施。从某种程度上讲，这或许是人工智能与人类日常生活融合最为密切的一个领域。合理运用，可以为人类提供高质量、智能化与日常化的医疗护理服务。

2. 人工智能在健康管理领域的主要应用

目前，人工智能技术主要应用于风险识别、虚拟护士、健康预诊、移动医疗、可穿戴设备等健康管理领域。

1）风险识别。利用人工智能技术进行数据处理与分析，依据关键定量指标识别疾病发生的风险，提供降低风险的可能性建议。例如，风险预测分析公司 Lumiata 通过其核心产品"风险矩阵（Risk Matrix）"，在获取大量用户电子病历和动态生理数据的基础上，依据临床诊断基本原理，为用户绘制患病风险与时间变化的轨迹。

2）虚拟护士。人工智能充当"护士"角色对患者进行个性化护理，记录并分析患者的饮食、运动和用药习惯，对患者的身体状态给予动态评估意见，协助患者规划与调整个人生活。例如，Sense.ly 公司推出的集医疗传感、远程医疗、语音识别和 AR 等多项技术于一体的虚拟护士平台，患者在虚拟护士帮助下，将身体体征数据上传至平台，由平台进行风险判断，并为患者提供个性化护理方案或者为其转接临床医生。

3）健康预诊。运用人工智能技术对用户的语言、表情和声音等信息进行挖掘，从而识别用户的情绪与精神状态，以发现用户精神健康方面的异常情况。例如，Affectiva 公司通过手机或计算机摄像头识别并分析人的情绪变化，利用人工智能技术，为患者提供在线问诊和慢性病管理等服务，目前，在线问诊正在由人工问诊向智能问诊方向发展与进化，几大主流在线问诊平台几乎都布局了基于人工智能技术的医疗知识图谱，对平台积累的大量问诊数据进行深度挖掘，对问题标签进行分类梳理，为患者提供更为精准、快捷的智能化预诊服务。慢性病管理领域服务模式多样，市场参与者众多，但可持续的盈利模式还需探索。

4）可穿戴设备。是一种以终端硬件设备为基础，通过软件支持、人工智能算法、云端交互、数据分析等来完成智能化指令实现和信息反馈的便携设备。目前，市场中可穿戴设备产品形态各异，主要有智能眼镜、智能手表、智能手环、意念控制、健康穿戴、体感控制、物品追踪等。从品类分布来看，智能手表、智能手环和智能耳机产品合计占据了超过 90% 的市场份额，由于可穿戴设备硬件发展水平和疾病相关数据积累不足，健康管理的智能化水平仍然不高，用户付费习惯亦有待培养。

9.4.2 智能医疗管理平台案例

1. 科大讯飞——智联网医疗平台

讯飞智联网医疗平台（见图 9-17）是基于人工智能的互联医疗服务平台。为居民提供线上线下全过程便捷智能就医服务，提升居民就医体验和获得感；为医护人员提供人工智能工具，提升医护人员诊疗的质量和效率，进而提升医院的社会价值和声望；促进优质医疗资源下沉基层，建立上下贯通的医疗协同体系，促进区域医疗资源均衡发展。

图 9-17 讯飞智联网医疗平台功能

该平台具有以下优势：

（1）智能辅助诊断，保障医疗质量

在医生开展线上诊疗服务的过程中，AI 智能辅助诊断系统基于医生输入的患者病历数据进行智能化分析和判断，协助医生对病情进行准确判断，避免出现漏诊和误诊的情况，保障线上医疗服务的质量和医疗安全。

（2）移动医疗协同，促进资源下沉

运用 5G、人工智能、物联网、云计算、大数据、边缘计算等信息技术，打造全国领先的"5G+医疗协同"标杆，重点建设完善双向转诊系统（门诊转诊、住院转诊、手术转诊）、远程门诊系统（包含终端硬件）、远程会诊系统、多学科联合会诊（MDT）服务、远程视频查房系统（包含终端硬件）、医联体及医共体临床协同服务和医联体及医共体护理协同服务。各类5G 在线诊疗、远程协作技术手段的应用，将有效推动优质医疗资源对于医联体及医共体的覆盖，上级专家团队将能便捷地服务更多患者，减少患者的无效等待和交通成本，提高医疗服务效能，提升患者就医体验。

（3）智能病史采集，提高问诊效率

当患者挂号后可以与 AI 多轮对话采集病史，就诊前病史采集系统将线上挂号后的病史采集与在候诊区通过扫二维码采集病史整合起来，使医生可以快速地了解患者病情并引入病历，目前，该功能在北京协和医院和安徽省立医院已经上线，基于上述医院现场统计验证，病历书写时长约 150 s，使用病史采集平均节约 30 s，提高问诊效率 20%。

（4）智能病历质控，规范诊疗行为

为提高电子病历的质检流程效率，并及时反映电子病历质量，讯飞医疗发挥自身在人工智能领域的特长，应用先进的自然语言处理、机器学习技术等人工智能算法，提出了一种基于逻辑推理的电子病历质检技术（MQC-LR）。该技术首先对电子病历进行结构化预处理，然后对结构化病历的内容进行分析，从内容完整性、数值规范性、时效性等方面研判，进行病历形式质检，辅助医生完成电子病历的书写，帮助医生规范和完善电子病历，提升电子病历书写质量，规范医生诊疗行为。

（5）智能辅助审方，保障用药安全

智能辅助审方服务，结合疾病种类及患者信息审核处方是否存在药品的超量用药、相互作用、人群禁忌、配伍禁忌等风险，并实时警告、提示，避免药害事故的发生。能够从处方和医嘱的开具开始，在各个处方和医嘱处理环节，识别不合理用药问题，并以警示框的方式提醒医生这些用药风险，同时记录每次发现的不合理用药信息，保障用药安全。

（6）智能导医分诊，促进精准就医

通过语音、人体图、文字对话等多种方式与患者进行多轮交互，智能分诊基于患者的症状、发病时长、性别等一系列的因素，快速地给出就诊科室的推荐排名，方便患者进行选择，分诊合理率高；进一步分析医生和患者信息匹配关系，促进科学精准就医。疾病 AI 辅助自查系统基于患者症状的理解，动态的生成下一个问题，引导患者详细描述病情，直至完成整个病情的录入，让患者对自己的病情和疾病信息有详细了解，培养患者形成科学的就医习惯，提高居民的健康素养。

2. 百度——灵医智惠

百度推出的灵医智惠（见图 9-18）秉持 "询诊 AI 赋能基层医疗" 的理念，将目光聚焦基层。希望运用 AI 技术打造 "更懂基层" 的 AI 医疗解决方案，在三年的探索实践中，已逐步从筛、诊、管三个方向搭建起整体框架。

图 9-18　灵医智惠平台框架

（1）智慧筛查

2018 年，灵医智惠以 AI 影像筛查作为切入点，推出 "眼底影像分析系统"，通过医学可解释的算法架构及深度学习算法诊断患者眼底，可对糖尿病视网膜病变、青光眼、黄斑病变等主要眼部疾病进行筛查，从而缓解我国眼底筛查人力资源不足、阅片准确率不高等问题，帮助数以亿计的基层高风险人群提早发现眼疾，避免致盲风险。

（2）智慧诊疗

2019 年，百度收购医疗人工智能公司康夫子，并与东软集团签订战略合作协议，共同打造符合循证医学的 CDSS（临床辅助决策支持系统）。随后，灵医智惠推出基层版 CDSS，并在此基础上融入符合基层医生工作场景需求的智能随访、公共卫生服务等功能，创造 "爱助医" 基层医疗整体解决方案，为基层打造一支 "留下不走的 AI 医疗队"。

（3）智慧慢病管理

2020年，灵医智惠推出"智慧慢病管理解决方案"，依托小度在家智能音箱，结合手机App，打造一体化慢病管理平台，将医疗健康服务延伸到家庭，提升基层医生诊疗水平与患者院外依从度，为区域卫生健康管理部门提供基层慢病管理的一站式解决方案。2020年11月，百度参与的"国家基层糖尿病医防融合智慧管理应用示范项目"正式启动，并即将在北京市平谷区落地首个糖尿病医防融合干预试点。

从筛查、诊疗到慢病管理，灵医智惠在诊前、诊中、诊后环节分别注入AI能力，帮助基层医疗机构增强医疗服务能力，让百姓在基层就医更放心、更安心，同时提高基层医生的诊疗效率，帮助其从烦琐重复的工作中解脱出来，专注于医疗服务。

思考：

随着大数据与智慧医疗的结合，思考如何做好开放与隐私的平衡。

【前沿概览】

未来几年，我国智慧医疗将进入黄金发展时代。我国智慧医疗将重点围绕患者智慧服务、院内院间患者信息互联互通共享、医疗大数据挖掘、医疗全流程闭环管理、移动医疗、家庭健康、新基建赋能医联体、重点专科信息化、医学信息安全等十大领域进行重点建设和持续完善。

1）面向"患者"的智慧服务。围绕诊前、诊中、诊后患者就医全流程信息化建设为主线，并针对精准预约、移动支付、自助服务、智慧门诊、智慧病区等关系患者就医体验、惠民便民的重点环节进行信息化建设。

2）院内实现以患者为中心的数据信息互联互通。主要体现在数据的整合、抽取、清洗、标准化等方面，进而实现患者信息互联互通的信息集成平台、大数据中心的建设。

3）医学大数据挖掘。人工智能辅助诊断、病案事前质控。

4）跨院区和跨区域患者的信息集成、互联互通及共享。远程医疗平台、影像辅助诊断云平台和区域信息集成平台建设。

5）医院全流程闭环管理。患者诊疗为中心的全流程管理，如诊前、诊中、诊后、患者就诊路径。围绕细分业务环节进行闭环管理，如输液、检验、超声检查。

6）移动医疗。把医生业务开展及功能集成到手机端，进而开展移动医疗正成为一种趋势。

7）家庭健康。互联网问诊、健康管理（尤其是慢病管理）、智能可穿戴设备。

8）新基建赋能医联体建设。5G技术：如医联体内的远程会诊、远程影像、远程手术指导；大数据中心：如医联体内患者信息互联互通共享、主管部门监管等。

9）基于"重点专科"的信息化建设。院内：重点专科信息平台，如胸痛、卒中、老年病等疾病专科，以及影像科等；院外：专科联盟，如联盟内专科信息互联互通共享，更好地服务于科研、临床、教学等。

10）医学数据信息安全。涉及患者信息隐私保护；信息安全的管理制度、实施细则的制定实施。

【巩固与练习】

一、判断题

1. 医疗人工智能可在多个方面提高医疗系统效率（   ）。

2. 人工智能与药物挖掘的结合，使得新药研发时间大大缩短，研发成本大大降低（   ）。

3. 人工智能赋能医疗行业的发展路径可归结为"计算智能—感知智能—认知智能"三个阶段（   ）。

二、填空题

1. 智慧医疗目前已在（   ）、（   ）、（   ）、（   ）等方面全方位布局。

2. 医疗机器人具有（   ）、（   ）、（   ）三大特点。

3. 健康管理应用场景，主要包括（   ）、（   ）、（   ）、（   ）等领域。

三、选择题

1. 医学图像处理主要集中表现在哪些方面（   ）。

A. 病变检测　　　　　B. 图像分割　　　　　C. 图像配准　　　　　D. 图像融合

2. 医疗机器人可以分为（   ）。

A. 手术机器人　　　　B. 康复机器人　　　　C. 辅助机器人　　　　D. 服务机器人

四、简答题

1. 简述智慧医疗技术的现状。

2. 简述智慧医疗产业的应用领域。

3. 简述医疗机器人的发展趋势。

【学·做·思】

感受生活中的智慧医疗应用场景，分析其中所用到的相关人工智能技术。

智慧医疗应用场景	相关人工智能技术

简述智慧医疗带来了怎样的新的就医体验：

第 10 章　智慧农业

【学习目标】

【学习目标】

1. 掌握智慧农业相关技术组成及应用场景
2. 了解人工智能在农业领域的相关应用及系统

【教学要求】

知识点：智慧农业、植保无人机、智能温室、智能养殖生态系统

能力点：在农业领域中应用的 AI 技术、植保无人机相关技术、温室自动化控制系统框架

重难点：切实感受人工智能技术给农业带来的技术革新，从而思考人工智能技术与现代农业的结合和应用创新

【思维导图】

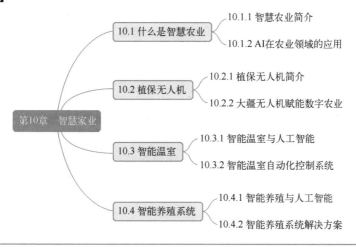

10.1　什么是智慧农业

10.1.1　智慧农业简介

所谓"智慧农业"就是充分应用现代信息技术成果，集成应用计算机与网络技术、物联网技术、音视频技术、5S 技术、无线通信技术及专家的智慧与知识，实现农业生产环境的智能感知、智能预警、智能决策、智能分析、专家在线指导，为农业生产提供精准化种植、可视化管理、智能化决策。

随着物联网技术在传统农业中的应用，基于传感器和软件，通过移动设备或者计算机对农业生产进行控制，使传统农业更具有"智慧"。除了精准感知、控制与决策管理外，从广泛意义上讲，智慧农业还包括农业电子商务、食品溯源防伪、农业休闲旅游、农业信息服务等方面

的生产活动。

智慧农业是以物联网、人工智能、大数据、农业生产技术为基础，为农业生产者提供从生产到经营的"智慧农业"整体解决方案。其主要包括以下几个内容。

1）远程智能农业监控：通过在农业生产现场搭建"物联网"监控网络，实现对农业生产现场的气候环境、土壤状况、作物长势、病虫害情况的实时监测；并根据预设规则，对现场各种农业设施设备进行远程自动化控制，实现农业生产环节的海量数据采集与精准控制执行。

2）农产品标准化生产：通过自主研发或与第三方合作导入，为农作物品类逐步建立起"气候、土壤、农事、生理"四位一体的农业生产与评估模型，将农业生产从以人为中心的传统模式，变革为以数据为中心的现代模式，通过数据驱动农业生产标准化的真正落地，进而实现农产品的定制化生产。

3）农产品安全追溯及防伪鉴真：通过采集农产品在生产、加工、仓储、物流等环节的相关数据，为农产品建立可视化产品档案，向消费者充分展示产品安全与品质相关信息，实现从农田到餐桌的双向可追溯。同时，通过"一物一码"技术，帮助农业生产和流通企业实现产品防伪鉴真，并精准获取客户分布数据。

4）农产品品牌营销服务：依托专业的农产品营销团队，为优质农产品提供差异化品牌服务。通过提炼品牌核心理念，打造品牌故事，包装设计和媒体内容营销，同时对接特定销售渠道，彻底打通农产品供应链，提升品牌显著性与购买便利性，帮助客户最大化品牌价值，实现产品增值与农民增收。

智慧农业通过信息技术与传统农业的深度融合，能够帮助农业生产者提高土地亩产，稳定产品品质、降低生产成本、节约自然资源、并减少环境污染。

10.1.2　AI在农业领域的应用

AI在农业领域的研发和应用其实早已开始，如环境智能监测、虫害、气候灾害预警，播种耕作采摘智能机器人，养殖业中禽畜的智能识别及穿戴设备等。同时，AI还结合植物表型、基因工程等技术，大力推进智能农业的发展，在提高效率与产出的同时，减少化肥和农药的使用。

1. 无人机植保与数据采集

得益于AI中的机器学习和计算机视觉等技术领域的高度发展，可以通过无人机的实时传感器数据和视觉分析数据来提高作物产量。无人机可以提供实时视频监控，分析作物的生长模式。此外，智能传感器可以提供水分、肥料和天然营养水平方面的数据，可以让农民更好地掌握作物的生长状态，见图10-1。

图10-1　无人机监测

2. 天气跟踪与预测

天气跟踪和预报是 AI 在农业中的重要应用，因为它有助于收集有关天气条件的最新信息，如温度、雨水、风速、风向以及太阳辐射。使用手持仪器、传感器、GPS 和野外气象站等各种设备进行天气跟踪，获取实时信息。在 AI 的帮助下，很容易深入地了解天气、季节性阳光、风速和降雨量将如何影响作物种植的周期。天气预报将帮助农民分析和计划何时播种，从而提高种植效率，见图 10-2。

图 10-2　田间气象站

3. 田间管理及农艺精准实施

这是由物理农场到数字农场的转变。利用大数据、AI 和预测分析，为农民提供日常农场问题的解决方案，比如精确农艺、作物管理、风险管理等。通过将农业服务和技术支撑连接在一个平台上，AI 为农民和农业专家顾问提供有关农场运营的"深层"信息。可协助农民调整耕作计划，甚至更换作物；重新考虑施肥计划以达到提升耕地土壤肥沃度的目标；随时掌握天气的变化及预测，以帮助决策种子的选择；根据土壤样本分析的水分与氮含量调整春耕的时程；监控作物的长势和病虫情况，优化土地利用，做出产量预测，见图 10-3。

图 10-3　田间物理数据智能管理系统

4. 室内农业智能化管理

室内农业是近年来农业发展的趋势，室内农业方面的融投资越来越多。其主要优势大致可归纳为三大项：用水量、土地面积、化学安全性。与通过 AI 提高田间管理效率类似，室内农业管理也需要传感器采集大量物理数据，AI 可以不断地学习和预测如何生产出最优质的产品，控制光线，调节水分、养分，并拍摄每株植物的图像，以监控其健康状况。最终实现只需按下某个作物"按钮"，室内农场就会为其自动配置最适宜的气候条件。

农业机器人应用

5. 农业智能机器人

农业智能机器人可以解决关键的农业劳动力问题，可以更快、更高效地种植和收割农作物，更准确识别和清除杂草，并降低成本和风险。例如，农药喷洒机器人（见图 10-4）利用计算机图像识别技术来获取农作物的生长状况，通过机器学习，能够更精准地施肥和打药，可以有效减少农药和化肥的使用（比传统种植方式减少了 90%）。此外，智能播种机器人还可以通过探测装置获取土壤信息，然后通过算法得出最优播种密度后自动播种。

图 10-4　农药喷洒机器人

特种农作物采摘，尤其是浆果，大多是依靠人力来完成的，而种植者们正受到劳动力短缺的困扰。采摘机器人可以帮助提高生产力、减少作物损失，同时也提供了劳动力短缺问题的解决方案。现阶段的自动采摘机器人（见图 10-5）已能够辨识和挑选成熟的苹果、草莓和番茄，而且，通过机器采收的作物，不会产生瘀伤。

图 10-5　农业采摘机器人

6. 监控家畜健康

通过机器视觉原理以及配套的物联网设备，对数据进行收集处理，获得禽畜的脸部特征及身体状况（见图 10-6），通过深度学习技术（Deep Learning）对禽畜的情绪、身体状况进行分析，以直观的方式了解每一头动物的健康状况；或通过机器学习、音频数据分析等来正确识别疾病；或利用 AI 检测牛奶质量来监控牛群的健康状况，以提高牛奶质量。

图 10-6　牛脸识别系统

思考：

了解古代人民在生活以及耕种方面靠经验而总结的二十四节气，体会古人的智慧。同时通过比较，谈谈当今人们如何利用 AI 技术更好地服务于智慧、精准农业。

_____

_____

_____

_____

10.2　植保无人机

10.2.1　植保无人机简介

植保无人机，顾名思义是用于农林植物保护作业的无人驾驶飞机，该型无人机由飞行平台（固定翼、直升机、多轴飞行器）、导航飞控、喷洒机构三部分组成，通过地面遥控或导航飞控，来实现喷洒作业，可以喷洒药剂、种子等。

无人机及智慧
农业平台应用

植保无人机服务农业在日本、美国等发达国家得到了快速发展。1990 年，日本山叶公司率先推出世界上第一架植保无人机，主要用于喷洒农药。2004 年我国首先将植保无人机应用于水稻种植区的农药喷洒。良好的效果使农业植保无人机逐渐成为行业新宠，各地陆续出现使用无人机用于植保的案例。近几年，我国植保无人机保有量持续增加，2016 年植保无人机保有量达 6500 架，截至 2019 年底，我国共生产各类植保无人机 170 多个品种，保有量 5.5 万余架，作业面积超过 8.5 亿亩。2020 年，我国植保无人机数量达到 10 万架。

无人机具有作业高度低，飘移少，可空中悬停，无需专用起降机场，旋翼产生的向下气流有助于增加雾流对作物的穿透性，防治效果高，远距离遥控操作，喷洒作业人员避免了暴露于农药的危险，提高了喷洒作业的安全性等诸多优点。另外，无人机喷洒技术采用喷雾喷洒方式，至少可以节约 50% 的农药使用量，节约 90% 的用水量，这将很大程度降低资源成本。电动无人机与油动无人机相比，整体尺寸小，重量轻，折旧率更低、单位作业人工成本不高、易保养。

10.2.2 大疆无人机赋能数字农业

大疆公司一直致力于打造农业领域的高科技服务的综合开放式平台。立足地方发展需求，以强大的技术支持和运作能力，服务于农业农村发展。并提供优秀的无人机设备，开发农业数据平台，赋能数据农业，为农业大数据和农业物联网（IoT）的综合需求提供可靠的数字农业解决方案。

2020年，大疆推出的旗舰产品植保无人机T30，定位数字农业新旗舰，是市场上综合性能最为强大的植保机之一，见图10-7。

图 10-7 T30 植保无人机撒播作业

T30 植保无人机超高的效率体现在以下几个方面：

1）30 kg 的超大载重量，载重比达到 46%。高速播撒，流量可达到 8 L/min。使用全新的柱塞泵，体积小、重量轻，功率密度大。9 m 超大喷幅，16 个喷头布局，8 组电磁阀支持变频喷洒，且喷洒量与飞行速度可以实时联动。

这些能力叠加之后，实现了比前几代无人机更高的效率。经过实测，在喷洒幅度 9 m 宽、飞行速度 6.5 m/s 的情况下，飞机喷洒农药的速度可以达到每小时 240 亩。大疆 T30 的播撒系统有 30 L 容量，可胜任化肥、种子、饲料等多场景播撒作业。

2）T30 被设计为适用于皮卡装载，折叠后体积相比上一代缩小了 80%。除了更强的播撒能力以外，飞机本身的可靠性也有所提升，防护等级达到 IP67 水平，核心原件带有三层防护，沙尘暴和雨天作业都不是问题。

3）在无人机领域里，大疆率先提出了 360°全向雷达，T30 装备的球形全向雷达又加入了上视角，可以识别所有方向的障碍物、甚至天气情况，这能让它做到自动躲避障碍。而操纵时，遥控器可以实现 5 km 稳定图传，通信距离提升了 67%，标配 RTK（载波相位差分）定位的模块，依然可以做到一控多机。

4）T30 上出现了"革命性"的枝向对靶技术：更换 1 号和 4 号机臂，再抬起一定角度，通过调整仰角，可让雾滴沿着树枝斜角穿透冠层，把层叠的树叶打透。除了液体喷洒的效率提高以外，大疆还为无人机开发出了散播固体负载的能力，可进行施肥甚至播种。T30 的播撒系统速度快，播撒 1 t 肥料只需要 1 h。

5）T30 搭载的电池可以实现 1000 次保内循环，在大疆"药打完电池即用完"的设计下，无人机飞手带着两块电池就可以满足一天的电力需求。为了更好地充电，大疆甚至还推出了一款燃油发电机，这台发电机可以以 7200 W 的功率为电池快速充电，也可以给其他设备提供支援。

6）与无人机相搭配的软件更加易用。大疆智慧农业云平台现在可以在手机上操作，除了常规的自动规划路线之外，算法可以自动识别农田里长势不好的地方，自动生成诊断，规划无人机进行针对性施肥。精准撒肥方案落地之后，化肥仅撒到需要撒的地方，每千亩农田可以节省化肥 10%，增加产量 10%。

在 2020 年，大疆植保无人机在国内的总体销量超过了 4 万台，全国累计保有量 7.5 万台，这些无人机的作业面积达到了 5 亿亩次。在黑龙江，大疆无人机的作业区域覆盖总体面积的 60%。根据各省区农业无人机补贴的公开数据所示，大疆植保无人机在国内的市场占比约为六成。

思考：

通过查询资料，列举植保无人机在农业中的实际案例，可以是使用情况或新闻报道等各种资讯形式。

10.3　智能温室

智能温室，是设施农业中的高级类型，拥有综合环境控制系统，利用该系统可以直接调节室内温、光、水、肥、气等诸多因素，可以实现全年高产、稳步精细化种植蔬菜、花卉，经济效益好。随着蔬菜大棚建设的快速发展，智能温室为农业发展带来了推动力。智能温室的控制一般由信号采集系统、中心计算机、控制系统三大部分组成。

温室大棚内温度、湿度、光照强弱以及土壤的温度和含水量等因素，对温室的作物生长起着关键性作用。温室自动化控制系统是以 PLC（可编程序控制器）为核心，采用计算机集散网络控制结构对温室内的空气温度、土壤温度、相对湿度、CO_2 浓度、土壤水分、光照强度、水流量以及 pH 值、EC 值等参数进行实时自动调节、检测，创造植物生长的最佳环境，使温室内的环境接近人工设想的理想值，以满足温室作物生长发育的需求。适用于种苗繁育、高产种植、名贵珍稀花卉培养等场地，以增加温室产品产量，提高劳动生产率。是高科技成果为规模化生产的现代农业服务的成功范例。

10.3.1　智能温室与人工智能

1. 物联网智能温室技术

在智能温室控制中，物联网技术将各种感知技术、现代网络技术、人工智能与自动化技术聚合与集成应用。

在温室环境里，单栋温室可利用物联网技术，成为无线传感器网络中的一个测量控制区，采用不同的传感器节点和具有简单执行机构的节点，如风机、低压电动机、阀门等工作电流低的执行机构，构成无线网络，来测量基质湿度、成分、pH 值、温度，以及空气湿度、气压、光照强度、CO_2 浓度等，再通过模型分析，自动调控温室环境、控制灌溉和施肥作业，从而获得植物生长的最佳条件。

对于温室成片的农业园区，物联网可实现自动信息检测与控制。通过配备无线传感节点，

每个无线传感节点可监测各类环境参数。通过接收无线传感汇聚节点发来的数据，进行存储、显示和数据管理，可实现所有基地测试点信息的获取、管理和分析处理，并以直观的图表和曲线方式显示给各个温室的用户，同时根据种植植物的需求，提供各种声光报警信息和短信报警信息，实现温室集约化、网络化的远程管理。

此外，物联网技术还可用到温室生产的不同阶段。在温室准备投入生产阶段，通过在温室里布置各类传感器，可以实时分析温室内部的环境信息，从而更好地选择适宜种植的品种；在产品生长阶段，从业人员可以用物联网技术采集温室内的温度、湿度等多类信息，来实现精细管理，例如，遮阳网开闭的时间可以根据温室内温度、光照等信息来传感控制，加温系统启动时间，可根据采集的温度信息来调控等；在产品收获后，还可以利用物联网采集的信息，把不同阶段植物的表现和环境因子进行分析，反馈到下一轮的生产中，从而实现更精准的管理，获得更优质的产品。

2. 温室智能控制云平台

通过开发应用于手机和平板计算机端的移动互联软件，将用户与物联网系统更紧密的连接起来，用于温室的远程监测和控制。温室智能控制云平台一般包含以下功能：

（1）环境数据监测

系统通过有线或无线网络实时获取传感器采集的环境数据，用户通过手机可随时随地读取这些数据，从而实现对环境数据的实时监测功能。

环境数据板块还可以实现历史数据的查看，历史数据主要是依据温室及区域编号查询该位置某个时间段的历史数据，时间段自行设置可调，同时，可更直观地把数据切换成表图模式，以走势图的形式查看各环境参数的走势和变化情况。

（2）影像数据（视频）监测

平台也可以实时获取影像数据，用户通过手机对实时影像数据进行查看，对生产进程进行远程监控。通过移动平台也可以对云台摄像机进行旋转、缩放、拍照等工作，为专家远程诊断植物病情提供了良好通道。

（3）系统预警

通过移动互联平台，农技人员可实时查看预警信息，也可以设置预警阈值。

（4）远程控制

通过移动互联平台可以精确了解温室内以及农田的环境状况，据此对温室的卷帘、风机、加湿器、空调、水泵等装置进行控制，以达到植物的最佳生长环境或人为设定环境。

（5）天气预报

移动互联平台可对接园区当地的气象数据，并在平台首页显示。农业人员可依据天气预报信息对农业生产安排做出规划，从而更加科学的指导生产。

10.3.2　智能温室自动化控制系统

智能温室控制系统可以实时远程获取温室内部的空气温湿度、土壤水分温度、CO_2浓度、光照强度及视频图像，通过模型分析，自动控制温室湿帘风机、喷淋灌溉、内外遮阳、顶窗侧窗、加温补光等设备。同时，系统还可以通过手机、计算机等信息终端向管理者发送实时监测信息、报警信息，以实现温室大棚智能化远程管理，充分发挥物联网技术在设施农业生产中的作用，保证温室大棚内的环境最适宜作物生长，实现精细化的管理，为作物的高产、优质、高效、生态、安全创造条件，帮助客户提高效率、降低成本、增加收益。以托莱斯科技有限公司的智能温室控制系统为例，介绍如下。

1. 温室环境监测

温室大棚智能化远程管理，通过温室环境监测对种植环境的空气温湿度、土壤温湿度、光照度、CO_2 浓度等信息进行采集，对采集的数据进行分析，根据参数的变化实施调控或自动控制温控系统、灌溉系统等现场生产设备，保证农作物最优质的生长环境、促进农业生产的优质、高效、高产。

2. 视频监控

通过在农业生产区域内安装全方位高清摄像机，对包括种植作物的生长情况、投入品使用情况、病虫害状况等进行实时视频监控，实现现场无人值守的情况下，种植者对作物生长状况的远程在线监控，农业专家远程在线获取病虫害作物的图像信息，质量监督检验检疫部门及上级主管部门对生产过程的有效监督和及时干预，以及信息技术管理人员对现场数据信息和图像信息的获取、备份和分析处理，见图 10-8。

图 10-8　实时视频监控

3. 智能预警

通过将监测点上环境传感器采集到的数据与作物适宜生长的环境数据相比较，当实时监测到的环境数据超出预警值时，系统自动进行预警提示，包括环境预警和病虫害预警，并提供相应的预警指导措施，进行手机和大屏幕显示设备推送。

4. 智能控制

通过控制系统，可以对农业生产区域内各种设备的运行条件进行设定，当传感器采集的实时数据结果超出设定的阈值时，系统会自动通过继电器控制设备或模拟输出模块对温室大棚自动化设备进行控制操作，如自动喷洒系统、自动换气系统等，确保温室内的环境是植物生长最适宜的环境。

常用的现场设备包括灌溉设备、风机、水帘、遮阳板等，这些设备均可以通过控制信号进行控制，服务器发送的指令被转化成控制信号后即可实现远程启动或关闭现场设备的运转，见图 10-9。

除了手工进行指令的发送之外，系统还能够根据检测到的环境指标进行自动控制现场设备的启动或关闭。用户可以自定义温湿度、光照、CO_2 浓度等指标的上限值、下限值，并定义当

图 10-9 PC 端远程控制界面

指标超过上限或者下限时，现场设备如何响应（启动或关闭）；此外，用户可以设置触发后的设备工作时间，见图 10-10。

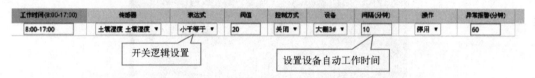

图 10-10 PC 端远程自动控制设置界面

开发手机应用系统，客户直接采用微信客户端就可以控制和查看实时数据，手机端可实现手动启动或关闭电磁阀，水泵等设备的功能，见图 10-11。

图 10-11 移动端远程控制界面

5. 监管平台及用户终端运行管理

用户可以通过区域管理，查看实时监测数据，可按照时间段查询和下载历史数据，通过曲线图，柱形图或饼状图进行数据展示和分析，建立大数据库，指导农业生产。

用户可通过 PC 端, 无线或在线实时监管农业物联网监控平台。

用户可通过手机客户端, 随时随地查看监控点的环境参数, 通过手机端, 用户可以远程控制现场环境设备, 也在手机端及时接收、查看现场环境报警信息。

10.4 智能养殖系统

智能养殖系统利用 RFID 技术、计算机技术、网络技术和自动化数据采集设备, 将动物养殖过程中的相关数据存入数据服务器, 使整个饲养过程可查, 可追溯, 为养殖方案的制定和优化提供数据支持和分析平台; 还可对养殖措施的执行过程进行跟踪管理, 防止遗漏实施情况的发生; 在养殖特定环节给出相关的提示; 在出现异常情况时给出报警; 并通过自动化生产设备, 代替人工完成生产动作, 提高生产效率的同时, 大大降低了人力成本。

10.4.1 智能养殖与人工智能

人工智能领域中的专家系统、机器学习、神经网络、模式识别和可穿戴智能设备等技术与畜牧业生产相结合, 在国内外已有部分成功案例。

1. 专家系统

20 世纪 90 年代, 专家系统开始应用于养殖生产管理。国外开发了集约化猪场管理决策支持系统, 母猪繁殖管理专家系统, 猪场健康管理专家系统等供畜牧场应用。在此期间, 我国也运用专家系统指导母猪的配种、妊娠、断奶、育仔、育成、育肥、出售, 制定生猪生产规划、选种与选配等, 推动了生猪生产的标准化与规范化。专家系统还应用在了水产养殖信息采集与参数处理、指导生产操作等领域, 如诊疗鱼病, 生物行为学模型应用, 水质预警管控及对养殖设施、设备实现自动控制。

2. 机器视觉

近年来, 人工智能研究领域中的机器视觉及智能监控已逐步深入到畜禽养殖的许多领域, 例如: 利用背景减法和去除噪声算法得到猪体尺寸测点; 利用背景差分法提取羊体轮廓。

3. 畜牧机器人

养殖生产中已出现具有一定智能, 可进行自动饲喂、自动挤奶、自动捡蛋、自动清粪等作业的智能化畜牧系统, 又称作畜牧机器人。例如: 禽蛋捡拾并联机器人, 可实现禽蛋从传送带到装盘的自动化过程。研制全自动精确饲喂机器人, 智能化精确饲喂采用大圈群养模式, 扩大活动空间, 群体内母猪可自由分群、随意组合, 自由选择采食时间, 减少饲养过程中对母猪造成的应激。

4. 人工神经网络

利用神经网络技术, 从知识表示、学习算法等入手, 提高传统动物疾病诊断系统的自学习能力, 提高诊断符合率, 达到临床诊断专家水平。水质监测与预警是养殖管理的重要部分, 为实现集约化养殖水质的预警, 可通过人工神经网络优化算法和规则预警策略实现溶解氧预警。

5. 可穿戴智能设备

可穿戴设备以嵌入式系统为核心, 利用无线传感器网络 (WSN) 技术, 将实时生理监测信息发送到云端服务器, 云端服务器对数据进行智能处理分析, 形成疾病早期预测等信息, 并将其实时地发送到管理人员手机或计算机上。例如设计智能项圈, 通过 GPS 定位可实时获取畜禽的位置，以云计算为基础的可穿戴设备，可采集牲畜数据并发送到远端服务器，对服务器所收集的数据通过智能分析，可预警疾病，了解牲畜健康。

6. 虚拟现实

通过虚拟现实技术，开发大型猪场视景仿真系统，采用三维视图设计方法获得猪舍的模型参数，基于虚拟现实技术生成各种类型猪舍的三维互动模型，对养猪场各种生产设施和生态景观建立动态模型，从而实现大型猪场的可视化虚拟现实交互。

10.4.2 智能养殖系统解决方案

畜牧养殖物联网是将大量的传感器节点构成监控网络，通过各种传感器采集信息，以帮助养殖户及时发现问题，并且准确地确定发生问题的畜禽个体。其中的 RFID 技术作为一种非接触式的快速识别技术，正越来越广泛地应用于现代养殖业中。以鑫芯物联提供的物联网智能畜禽养殖管理系统（见图 10-12）方案为例，介绍如下。

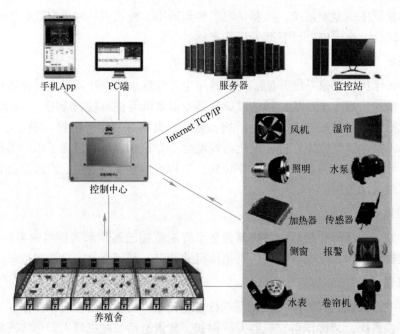

图 10-12　物联网智能畜禽养殖管理系统结构

畜牧养殖物联网管理系统主要实现以下两大功能：一是，建立本地区的动物养殖企业的档案数据库；二是采集本地区的各类畜禽养殖企业的生产数据。畜禽养殖监管系统可以帮助各级畜牧业管理部门及时、有效地掌握辖区内的肉、蛋、奶等畜牧业产品的生产数据，为政府决策提供关键性的数据支撑。

畜牧养殖物联网管理系统将互联网与动物电子耳标技术相结合，围绕农业养殖标准化、自动化和质量安全体系建设要求，实现畜牧养殖的品种、繁育、饲料、饲养、防疫、设备、生长环境等生产、销售环节。

畜牧养殖物联网管理系统集成智能无线传感器、无线通信、智能控制系统和视频监控系统等专业技术，对养殖环境、生长状况等进行全方位监测管理，进行细致分析，根据养殖产品的生长过程，进行有针对性的投放饲料，实现精细化饲养，降低成本。达到省时、增产、增收的目标。

使用畜牧养殖物联网管理系统的养殖户，可以从阅读器采集到牲畜的身份信息，如品种、出生日期、出生地、防疫信息、日常饲喂信息（喂食量、喂食种类及次数等）。通过对养殖过程的智能化的管理，可以帮助企业实现整个 RFID 养殖环节的信息化与自动化管理，提升养殖品质，提高整体竞争力。

有条件的养殖舍可安装视频监控，以便随即查看养殖舍内的情况，减少人工现场巡查次数，提高生产效率。目前，安装视频监控的成本已经很低了，从科学养殖、提高养殖管理水平，实现现代化养殖的角度来看，视频监控是现代化养殖业发展的必然趋势。

【前沿概览】

根据前瞻产业研究院测算，未来几年中国智慧农业市场规模将会维持中高速发展，预计 2025 年市场规模将会达到 3340 亿元（见图 10-13）。

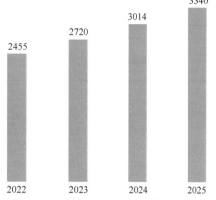

图 10-13　2022—2025 年中国智慧农业市场规模（单位：亿元）

【巩固与练习】

一、填空题

1. 智慧农业是现代技术与农业技术相结合的成果，请列举至少三个相关技术：（　　　　）、（　　　　）、（　　　　）。

2. 人工智能在无人机上的应用主要体现在（　　　　）、（　　　　）、（　　　　）三个部分。

二、选择题

1. 能够进行有效跟踪抓取的智慧农业技术是（　　）。

A. 互联网　　　　　　B. 物联网传感器　　　C. 3D 打印　　　　D. 二维码

2. 智慧农业内容主要包括（　　）。

A. 智慧农业信息服务　B. 智慧农业管理　　　C. 智慧农业生产　　D. 智慧农业经营

3. 下列属于农业智能设备的是（　　）。

A. 土壤传感器　　　　B. RFID 的读写标签　C. 光照传感器　　　D. 湿度传感器

三、简答题

1. 简述大疆植保无人机系列的相关性能。

2. 简述智能温室自动控制系统架构。

【学·做·思】

1. 感受生活中的 AI 技术在农业中的应用领域，分析所用到的相关人工智能技术。

智慧农业应用场景	相关人工智能技术

思考与总结：

2. 比较大疆植保无人机 T10、T20、T30 的关键技术及功能上的提升与发展。

植保无人机型号	关键技术与提升
T10	
T20	
T30	

思考与总结：

参考文献

[1] 郭福春. 人工智能概论 [M]. 北京：高等教育出版社, 2019.

[2] 张广渊, 周风余. 人工智能概论 [M]. 北京：中国水利水电出版社, 2019.

[3] 丁艳. 人工智能基础与应用 [M]. 北京：机械工业出版社, 2020.

[4] 程显毅, 任越美, 孙丽丽. 人工智能技术及应用 [M]. 北京：机械工业出版社, 2020.

[5] 兰虎. 工业机器人技术及应用 [M]. 2版. 北京：机械工业出版社, 2020.

[6] 董春利. 机器人应用技术 [M]. 2版. 北京：机械工业出版社, 2022.

[7] 张宪民, 杨丽新, 黄沿江. 工业机器人应用基础 [M]. 北京：机械工业出版社, 2015.

[8] 张培艳. 工业机器人操作与应用实践教程 [M]. 上海：上海交通大学出版社, 2009.

[9] 兰虎. 焊接机器人编程及应用 [M]. 北京：机械工业出版社, 2013.

[10] 郭洪红. 工业机器人技术 [M]. 西安：西安电子科技大学出版社, 2006.

[11] 叶晖, 管小清. 工业机器人实操与应用技巧 [M]. 北京：机械工业出版社, 2016.

[12] 韩建海. 工业机器人 [M]. 武汉：华中科技大学出版社, 2009.

[13] 陈哲. 机器人技术基础 [M]. 北京：机械工业出版社, 2011.

[14] 韦巍. 智能控制技术 [M]. 2版. 北京：机械工业出版社, 2015.

[15] 杨杰忠, 王振华. 工业机器人操作与编程 [M]. 北京：机械工业出版社, 2017.

[16] 谢存禧, 张铁. 机器人技术及其应用 [M]. 北京：机械工业出版社, 2015.

[17] 管小清. 工业机器人产品包装典型应用精析 [M]. 北京：机械工业出版社, 2016.

[18] 汪励, 陈小艳. 工业机器人工作站系统集成 [M]. 北京：机械工业出版社, 2014.

[19] 李荣雪. 焊接机器人编程与操作 [M]. 北京：机械工业出版社, 2013.

[20] 叶晖. 工业机器人典型应用案例精析 [M]. 北京：机械工业出版社, 2015.

[21] 吴振彪, 王正家. 工业机器人 [M]. 武汉：华中科技大学出版社, 2011.

[22] 董春利. 传感器与检测技术 [M]. 3版. 北京：机械工业出版社, 2022.

[23] 程剑新. 工业机器人应用的现状与未来 [J]. 科技传播, 2013 (2).

[24] 顾小清, 杜华, 彭红超, 等. 智慧教育的理论框架、实践路径、发展脉络及未来图景 [J]. 华东师范大学学报 (教育科学版), 2021, 39 (08).

[25] 周化钢, 黄志昌, 彭越. 大数据视角下智慧教育生态系统需求分析与架构设计 [J]. 中国教育信息化, 2021 (11).

[26] 杨俊锋, 施高俊, 庄榕霞, 等. 5G+智慧教育：基于智能技术的教育变革 [J]. 中国电化教育, 2021 (04).

[27] 杨晓贤, 翁雯, 吴嘉琪. 大数据平台在智慧教育中的应用思考 [J]. 软件, 2020, 41 (10).

[28] 孙宇. 人工智能在智慧教育中的应用探讨 [J]. 计算机产品与流通, 2020 (11).

[29] 葛动元, 周铭, 覃湘琼, 等. 面向智慧教育的体系架构与关键支撑技术探索 [J]. 工业和信息化教育, 2020 (06).

[30] 潘巍. 云计算技术在智慧教育中的运用分析 [J]. 信息与电脑 (理论版), 2020, 32 (08).

[31] 王运武, 彭梓涵, 张尧, 等. 智慧教育的多维透视：兼论智慧教育的未来发展 [J]. 现代教育技术, 2020, 30 (02).

[32] 陆灵明. 智慧教育研究现状、内涵及其特征分析 [J]. 上海教育科研, 2020 (02).

[33] 张茂聪, 鲁婷. 国内外智慧教育研究现状及其发展趋势：基于近10年文献计量分析 [J]. 中国教育信息化, 2020 (01).

[34] 国家质量监督检验检疫总局, 中国国家标准化管理委员会. GB/T 12643—2013 机器人与机器人装备 词汇 [S]. 北京：中国标准出版社, 2014.

[35] 国家质量监督检验检疫总局. GB/T 12644—2001 工业机器人 特性表示 [S]. 北京：中国标准出版社, 2002.